计算漫谈

本书编写组 ◎编

吉林大学出版社

·长春·

图书在版编目（CIP）数据

计算漫谈 / 本书编写组编. -- 长春 : 吉林大学出版社, 2023.10
ISBN 978-7-5768-1913-7

Ⅰ. ①计… Ⅱ. ①本… Ⅲ. ①计算机技术 Ⅳ. ①TP3

中国国家版本馆CIP数据核字(2023)第141315号

书　　名：计算漫谈
JISUAN MANTAN

作　　者：本书编写组
策划编辑：李承章
责任编辑：李婷婷
责任校对：张采逸
装帧设计：刘　丹
出版发行：吉林大学出版社
社　　址：长春市人民大街4059号
邮政编码：130021
发行电话：0431-89580028/29/21
网　　址：http://www.jlup.com.cn
电子邮箱：jldxcbs@sina.com
印　　刷：三河市文阁印刷有限公司
开　　本：787mm × 1092mm　　1/16
印　　张：7.5
字　　数：150千字
版　　次：2024年6月　第1版
印　　次：2024年6月　第1次
书　　号：ISBN 978-7-5768-1913-7
定　　价：45.00元

本书编写成员

阎少宏　常锦才　龚佃选　屈静国

孔闪闪　邵春芳　王丹萍　王　钊

简　介

为了让信息与计算科学（简称信科）专业本科学生欣赏和体验到计算方法的形式之美与实质之美。结合课程组多年的教学经验和亲身体会，本着通俗易懂的原则，简明扼要地阐述了涉及信科专业各研究领域的基本概念、基本方法及其具体应用实例，学生通过学习精妙的计算方法和算法设计以及古今的经典案例，能够感受和理解数学文化的博大精深之美、理性思维的逻辑思辨之美、数学语言的严谨理性之美、数学体系的完备精妙之美、程序设计的秩序流畅之美、计算科学家的人格高洁之美，从而能够崇尚理性思维、坚定信科专业、践行信科理念。本书适合信息与计算科学专业开设专业美育教育时使用。

目 录

第一章　模型之美

【本章导读】

本章利用简单的数学应用题(鸡兔同笼、航行问题)来引出数学建模的全过程。通过介绍数学模型的前期准备、模型假设、建立、求解与分析、检验及应用等的全过程,让同学们加深对利用数学知识建立数学模型的理解,了解数学模型建立的全过程,感受科学研究的一般规律,激发专业学习的兴趣,坚定信科方向的专业自信。通过数学模型揭示出客观规律中蕴含的科学性和合理性,让大家体会模型之美。

第一节　为什么要介绍数学模型

数学模型在不同文献上有不同的定义,一般说来,数学模型是指针对现实世界的特定对象或问题,为了一定目标,在必要的简化和假设条件下,运用数学符号、关系式等,概括表达该特定对象或问题的数量关系和空间形式的一种工具[1]。无论是用数学方法解决实际问题,还是与其他学科相结合形成学科交叉,首要的和关键的一步都是将研究对象的内在规律用数学的语言和方法表述出来,即所谓的建立数学模型,同时,还要将求解得到的结果返回到实际问题中,这种解决问题的全过程就称为数学建模[2]。与创造一个有魅力的艺术作品一样,数学建模的过程也是一种创造的过程,并且是符合美学原则的创造过程。

20 世纪六七十年代,数学建模活动开始在一些西方国家的大学课堂中展开。1983 年,清华大学首先在应用数学系开设了数学模型课程[3],之后我国的几所大学在80年代初将数学建模引入课堂教学。经过40多年的发展，绝大多数本科院校和众多专科学校都开设了各种形式的数学建模课程和相关讲座，为培养学生利用数学方法分析、解决实际问题的能力开辟了一条有效的途径。

与目前我国高校开展的其他数学类课程相比，目前开设的各种数学建模课程普遍具有基础性强、涉及面广、形式灵活、内容多样，对任课教师和学生要求较高等特点，数学建模课程的教学本身是一个不断探索、不断创新、不断完善和逐步提高的过程。通过课堂教学可以使学生了解应用数学理论和方法去分析和解决实际问题的全过程，提高他们分析问题和解决问题的能力；提高他们学习数学的兴趣和应用数学的意识与能力，使他们在未来的学习、工作中能经常性地想到用数学知识去解决问题；提高他们利用计算机软件、前人的丰富经验及当代高新科技成果的意识，引导他们将数学、计算机等领域知识有机结合去解决实际问题。

第二节　从现实对象到数学模型

一、原型和模型

原型和模型是一对对偶体。原型指人们在现实世界里关心、研究或者从事生产、管理的实际对象。在科技领域通常使用系统、过程等词汇对其进行描述，如机械系统、电力系统、生态系统、社会经济系统、钢铁冶炼过程、计划决策过程等，本节所讲述的现实对象、研究对象、实际问题等均指原型。模型则是指为了某个特定目的将原型的某一部分信息缩减、模仿和提炼而构成的原型替代物[4,7]。例如，汽车模型、人体模型、建筑模型等。

特别需要强调的是，模型构造是基于某种目的的。模型并不是将原型原封不动地完全复制，原型本身有各个方面和各种层次的特征，而模型只需要能够反映与某种目的有关的那些方面和层次即可，不需要全部照搬过来。一个原型，为了不同的目的可以有多种不同的模型与之相对应，模型的基本特征是由构造模型的目的来决定的，目的不同，模型结果将有很大的不同。例如：

宇宙飞船模型，如果放在展厅里，则需要外形上逼真，但是不一定能够起飞；如果在实验室做模拟，则需要完善各种功能。

飞机模型，如果是用于航模竞赛，则需要具有良好的飞行性能，在外观上不必苛求与真实飞机完全对应；如果是放在展厅展示，则需要逼真的外形。

飞机、轮船、桥梁等在设计、试制过程中用到的数学模型和计算机模拟，要求在功能、数量规律上真实反映飞机、轮船的动态特征，却不涉及飞机、轮船、桥梁等的实体部分。

二、模型的分类

根据模型替代原型方式的不同，模型可分为物质模型（形象模型）和理想模型（抽象模型）。前者包括直观模型、物理模型，后者包括思维模型、符号模型、数学模型等。

直观模型：指那些供展览用的实物模型，以及玩具、照片等，通常是把原型的尺寸按比例缩小或放大，主要追求外观上的逼真。这类模型的视觉效果是非常直接的。

物理模型：主要指科技工作者为一定目的根据相似原理构造的模型，它不仅可以显示原型的外形或某些特征，还可以用来进行模拟实验，间接地研究原型的某些规律。如风洞中的飞机模型用来试验飞机在气流中的空气动力学特性，地层模型用来进行地震模拟研究，岩石模型用来进行岩石压裂的模拟研究等。这类模型应该注意验证原型与模型间的相似关系，以确定模拟实验结果是否可靠。物理模型的优点是常可得到实用上很有价值的结果，但也存在成本高、时间长、不灵活、可靠性不容易确定等缺点。

思维模型：指通过人们对原型的反复认识，将获取的知识以经验的形式直接存于人脑中，从而可以根据思维或直觉做出相应的决策。思维模型便于人们接受，也可以在一定条件下获得满意的结果，但是它往往带有模糊性、片面性、主观性、偶然性等缺点，难以对它的假设条件进行检验，并且不便于人们的相互沟通。

符号模型：在一些约束或假设下借助于专门的符号、线条、规则等，按一定形式组合起来描绘原型。如地图、电路图、化学结构式等，具有简明、方便、目的性强及非量化等特点。

数学模型：是由数字、字母或其他数学符号组成的描述现实对象数量规律的数学公式、图形或算法等。

第三节　数学建模的方法与步骤

数学模型乍一听起来似乎很高深，但实际上并非如此。例如，在中学的数学课程中，为了求解应用题而列出的数学式子其实就是简单的数学模型，而做题的过程就是一个简单的数学模型求解过程。下面我们用一道典型的代数应用题的求解过程来说明数学建模的基本步骤。

例题 1：一个笼子里装有鸡和兔若干只，已知它们共有 8 个头和 22 只脚，问这个笼子中分别有多少只鸡和多少只兔？

解：设笼中有鸡 x 只，有兔 y 只，由已知条件有

$$\begin{cases} x+y=8 \\ 2x+4y=22 \end{cases}$$

求解如上二元一次方程组之后，得解 $x=5$，$y=3$，即该笼中有鸡 5 只，有兔 3 只。将此结果代入原题进行验证可知所求结果正确。

根据例 1，可以得出如下的数学建模步骤：

(1)根据问题的背景和建模的目的做出假设(本题隐含默认假设鸡兔是正常的，畸形的鸡兔除外)；

(2)用字母表示要求的未知量；

(3)根据已知的常识列出数学式子或图形(本题中常识为鸡兔都有一个头,鸡有 2 只脚,兔有 4 只脚);

(4)求出数学式子的解答;

(5)验证所得结果的正确性。

实际上,如果想对某个实际问题进行数学建模,通常都需要先了解该问题的实际背景和建模目的,尽量弄清要建模的问题属于哪一学科领域,然后通过互联网或图书馆查找搜集与建模要求有关的资料和信息,为接下来的数学建模做足准备工作,这一过程通常称为模型准备阶段[5,8]。需要注意的是,由于不同人所掌握的专业知识是不同的、有限的,而实际问题往往是多样和复杂的,模型准备阶段在数学建模过程中是非常重要的环节之一。

一个实际问题往往会涉及众多因素,如果把涉及的所有因素都考虑进去,既不可能也没必要,而且还会使问题过于复杂导致建模不成功。要想把实际问题,变为数学问题必须对其进行必要、合理的简化假设,这一过程称为模型假设。在明确建模目标和已掌握相关资料的基础上,去除一些次要因素,保留主要因素,以主要矛盾为核心来对该实际问题进行适当的简化,并提出一些合理的假设,这一做法可以使问题相对容易得到解决。一般情况下,所得建模的结果依赖于对应的模型假设,假设是否合理,要根据经验和具体问题才能确定。在整个建模过程中,模型假设都是伴随着模型的不断修改得以逐步完善的。

模型假设完成后,需要选择适当的数学工具并结合已知的知识和搜集的信息来描述变量之间的关系或其他数学结构(如数学公式、定理、算法等),这一过程称为模型建立。进行模型建立时可利用各种数学理论与方法,但要注意建模时尽量遵循简单性原则。通常,建模过程中会参考或借用某些学科中已知的数学模型,这是模型建立中的常见方法。模型建立是数学建模过程中的关键一环。

在模型建立后,即可展开模型的求解工作,此过程可以采用解方程、推理、图解、计算机模拟、定理证明等各种传统或现代的数学方法。数学建模的目的是解释自然现象、寻找规律以解决实际问题。要达到此目的,还要对获得的结果展开数学角度的分析与探讨，这一过程称为模型求解与分析。

将模型求解结果与研究的实际问题进行对比以检验模型的合理性称为模型检验。模型检验是衡量建模成败的关键，如果检验结果与实际情况严重脱节，应该修改补充假设或改换其他数学方法重新建立模型。通常，一个模型要经过多次修改才能得到较为满意的结果。

利用获得的正确模型对研究的实际问题给出预报，或者对类似的实际问题进行分析、解释和评价等，供决策者参考的过程称为模型应用。

总结一下，上面的文字论述可以用图 1-1 来说明数学建模的一般步骤：

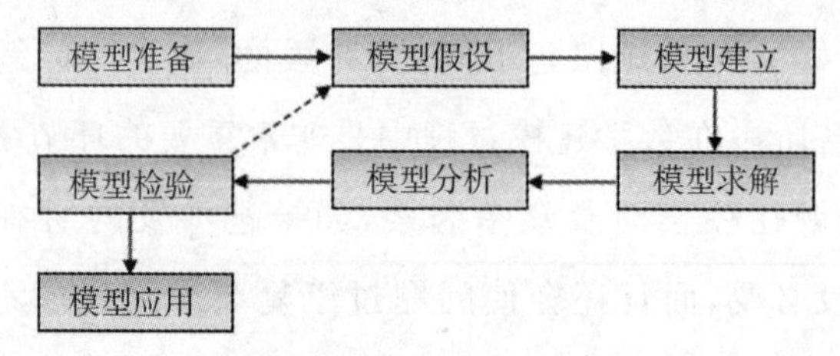

图 1-1 数学建模流程图

需要特别说明的是，上述数学建模过程中的每一步在整个建模过程中都不是必须出现的，而且有时各个过程之间也没有明显的界限，因此，在实际建模时不必完全拘泥于上述流程，只要反映出建模的特点即可。

第四节 案例——水槽的最大流量

原问题：如图 1-2 所示，现有宽度为 a m 的长方形板材，请将它设计制成一个直的开口的长条形水槽，使水槽能通过的流水量最大。

图 1-2 长方形板材

分析问题：水槽在单位时间内的流水量取决于水槽中水的流动速度和横截面积的大小，一般说来，水流速度越快、横截面积越大，流水量越大；水流速度越慢、横截面积越小，流水量越小。本题的主要目的是使水槽能通过的流水量最大，由于题目中并没有提及水流速度相关的问题，为了简化实际问题，可考虑将水流速度固定下来，仅研究水槽的横截面积形状，因此，可将原问题经过抽象、化简之后转化成如下问题。

问题重述 1：现有宽度为 a m 的长方形板材，请将它设计制成一个直的开口的长条形水槽，使水槽的横截面积最大。

分析问题：将水槽的横截面设计成什么形状才能保证横截面积最大呢？

为了更好地解决上述问题，将该问题进一步抽象、简化，将其描述成一个简单的、容易求解的常见数学问题，即将理想化的问题转化成如下数学问题。

问题重述 2：如图 1-3 所示，要建造一个横截面积为矩形 $ABCD$ 的水槽，并且 AB、BC、CD 长度之和等于 a，应当怎样设计水槽的深度和宽度，才能使得水槽的横截面积最大？

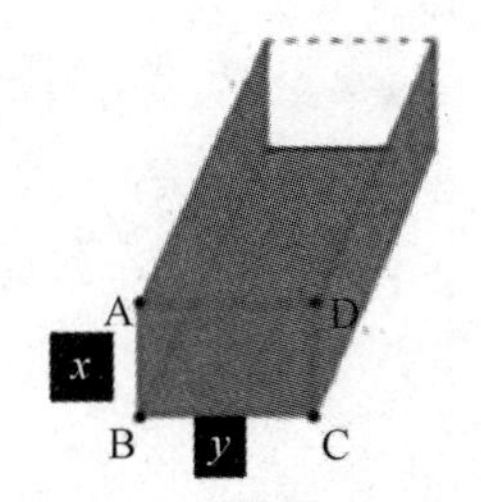

图 1-3　长方形板材

解：设 $AB=x$，$BC=y$，$0<x$，$y<a$，设水槽的横截面积为 S，则有

$$S=xy$$

$\because$

$$2x+y=a$$

$\therefore$

$$S=x(a-2x)$$

上述实际问题转化成一个纯粹数学问题如下。

问题重述 3：当 x 取何值时，$S=x(a-2x)$，$(0<x<a)$ 可以取到最大值？

解：由于 $S=x(a-2x)=-2x^2+ax=\frac{a^2}{8}-2\left(x-\frac{a}{4}\right)^2\leqslant\frac{a^2}{8}$，所以，当

$x=\frac{a}{4}$ 时，有

$$\max(S)=\frac{a^2}{8}=0.125a^2$$

此时，$y=a-2x=\frac{a}{2}$。

解释：如果将水槽的横截面积设计为矩形，只要将深度、宽度分别设计为 $\frac{a}{2}$ 和 $\frac{a}{4}$（此结果合理，可行），就可以得到最大的横截面积，从而可以获得最大的流水量。

很明显，上述过程恰好是一个标准的数学建模过程，基本上涵盖了从模型准备、假设、建立、求解与分析、检验到应用等全流程。

思考：上述求解方案中，按照矩形的形式来计算的横截面积，但是矩形就一定是最优的结果么？下面，给出如下几种方案，请进一步思考一下横截面的形状应该如何设定（见图 1-4）。

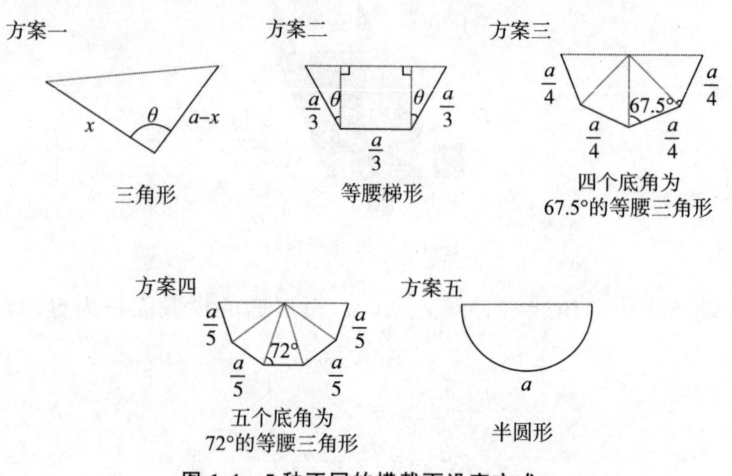

图 1-4　5 种不同的横截面设定方式

各方案的具体求解过程不再赘述，直接给出其结果如下。

方案一：水槽的最大横截面积为 $S_{\max}=0.125a^2$。

方案二：水槽的横截面积为 $S=\frac{a^2}{9}(1+\sin\theta)\cos\theta$。

方案三：水槽的横截面积为 $S \approx 0.151a^2$。

方案四：水槽的横截面积为 $S \approx 0.154a^2$。

方案五：水槽的横截面积为 $S \approx 0.159a^2$。

其中方案二的结果分析如下：由于 $S=\frac{a^2}{9}(1+\sin\theta)\cos\theta$，其为关于 θ 的一元函数，利用导数可知其最值出现于 $\theta=30^\circ,-90^\circ$ 时，结合实际情况，可知水槽的最大横截面积为 $S\approx0.144a^2$。

其中方案五的结果分析如下：当将水槽的横截面设计为半径为 $\frac{a}{\pi}$ 的半圆形时，可以获得所有方案中最大的横截面积，从而可以获得最大水流量。

事实上，从上述方案的分析过程中，能够发现横截面积的逐步增大是伴随着对长度 a 的逐步均匀分割来获得的，方案五中的半圆实际上是均匀分割的极限情况（详情请参考刘徽割圆术），此为所有方案中最大的横截面积，也对应着可以获得最大的水流量。

从上例中，我们可以进一步看出建立数学模型的过程。具体如下：

(1)根据建立数学模型的目的和问题的背景作出必要的简化假设（上例中，假设水流速度为常数）；

(2)用字母表示待求的未知量（上例中，x，y 代表深度和宽度）；

(3)利用相应的物理或其他规律（上例中，横截面面积等于深度乘宽度），列出数学式子（上例中的面积方程）；

(4)求出数学上的解答（上例中的求导方法）；

(5) 利用解答解释原问题（上例中，深度和宽度分别为 $\frac{a}{2}$ 和 $\frac{a}{4}$）；

(6)利用实际现象来验证上述结果；

(7)寻找规律，进一步探讨假设，再次调整模型（上例中，方案一到方案五的面积变化过程）。

数学建模过程再述：通过对建模过程和建模案例的学习，我们发现利用建模方法解决实际问题时，首要的一点就是用数学语言来表述问题，即构造模型，其次就是用各种数学工具或算法软件等求解构成的模型。特别需要说明的是，当用数学语言来表述实际问题时，包括模型假设、模型建立等过程，除了需要广博的知识和足够的经验，丰富的想象力和敏锐的洞察力也是必不可少的一点。

一般说来，要掌握建模这门艺术，培养想象力和洞察力，需要做好如下两条：第一，学习、分析、评价、改造前人的经典模型。首先弄懂它，分析为什么这么做，然后找出它的优缺点和适用范围，并尝试改进该方法为己用。第二，要亲自动手，实践出真知，要踏实地完成几个实际题目，只有亲身体会过，才能体会到建模的美妙。

第五节　数学模型之美

亲身体会过建模的全流程后，同学们或许会问，数学是科学，数学模型之美是什么意思？为什么数学模型和美能够联系起来呢？

事实上，自从进入 21 世纪，随着大数据时代的到来，众多世界一流的数学家都注意到了数学理论的审美价值、文化价值，开始从各个层面、各个角度讴歌数学之美、模型之美，引领人们欣赏数学、热爱数学。

因此，我们有必要从审美的角度来解读数学模型、体悟模型之美[9,10,11]。

首先，先谈谈什么是美。

在中国的传统哲学思想中，认为美的本质是自然。这里的自然是指符合事物的规律，也就是中国哲学中所说的“道”。所谓美，《说文解字》认为，美是个会意字，从羊，从大，其本义指漂亮、好看。“美”除了表示具体事物的美好外，还用来表示抽象意义，如形容一个人品德高尚称为“美德”。美是一种与世界之普遍和谐的一致。

现实生活中，美的东西很多，有美丽的花、美丽的人、美丽的山水、美丽的季节、美丽的品格等。

其次，什么是数学之美呢？

不同的人有不同的定义,我们先来看看国内外的数学家怎么说。

哈代(Hardy,1877—1947 年)说:"数学家的模式,就像画家或诗人的模式一样,是充满美感的;数学的概念就像画家的颜色或诗人的文字一样,一定会和谐地组合在一起。美感是首要的试金石,丑陋的数学在世界上是站不住脚的。"

罗素(Russell,1872—1970 年)说:"数学,如果正确地看它,不但拥有真理,而且有至高的美,这是一种庄重而严格的美,这种美不是投合于我们天性中的脆弱的方面,而是纯净到了崇高的地步,能够达到严格且只有最伟大的艺术才能显示的那种完美的境地。"

莫里斯·克莱因(Morris Kline,1908—1992 年)在《西方文化中的数学》一书中强调,"作为一种宝贵的、无可比拟的人类成就,数学在使人赏心悦目和提供审美价值方面,至少可与其他任何一种文化门类媲美。"

庞加莱(Poincaré,1854—1912 年)指出:"艺术选择那些最能使艺术形象完整并赋予个性和生气的事实。科学总是选择最能反映宇宙和谐的事实。"

爱因斯坦(Einstein,1879－1955 年)说:"人们总想以最适当的方式来画出一幅简化的和易领悟的世界图像。于是他们就试图用他们的这种世界体系来代替经验的世界,并来征服它。"

中国数学家、"晨兴数学奖"获得者朱熹平(1962 年—)说:"数学的美在于简洁,简简单单一个公式,包含了无穷无尽的内容;掌握了它独有的语言,数学就是看得见摸得着的!"

"晨兴数学奖"获得者侯一钊(1962 年—)说:"数学的美还体现在应用上。数学最吸引我的,是以新方法和新角度,解开自然的奥秘,数学家用自己的语言来描述复杂的自然界。"

这些数学家和自然科学家做出了众多优秀的工作,他们按照自己的方式应用数学知识创造出了众多美的作品,这其中当然也包括数学模型。

因此,数学美和艺术美是非常相似的。可以说,数学本身在很大程度上也是一门艺术。

数学和艺术,两者虽然有所区别,但都可以恰到好处地描绘着现实世界。

和创造一个有魅力的艺术作品一样，数学建模的过程也是一种创造的过程，是一种符合美学原则的创造过程。数学模型之美，就表现在它所揭示的客观规律的科学性和合理性上，表现在它的简洁、抽象、对称、奇异、统一之上，表现在建立这个数学模型的过程之中。

学习小结

本章详细介绍了数学建模的定义、数学建模的全过程。通过本章的学习，我们将建立起数学建模的一般概念，了解建立数学模型过程中的每一步骤在该过程中的地位与作用。让同学们了解科学研究的一般规律，体会自然界的神奇，感悟数学模型之美，激发专业学习的兴趣，坚定信科方向的自信。

本章思考题

(1)从现实对象到数学模型，请你体会抽象和假设的重要。

(2)通过学习数学大家对数学的认识，以及各位大家背后的努力，你认识到哪些精神值得我们学习，这些精神又将如何影响我们今后的学习与生活？

(3)寻找生活中的应用问题，你能发现生活中的哪些模型之美？

关键词

数学模型 mathematical model

数学建模 mathematical modeling

模型假设 model assumptions

模型检验 model test

模型求解 model solving

模型应用 model application

参考文献

[1] 靖新.数学模型之美[J].数学文化,2015(6):86-93.

[2] 周远清,姜启源.数学建模竞赛实现了什么[N].光明日报,2006-01-11.

[3] 李娜,仁庆道尔吉.高等院校开设数学建模课程的必要性研究[J].内江科技,2014,35(09):95-96+122.

[4] 世勋.数学模型 姜起源——学习笔记[EB/OL].(2014-07-01)[2023-08-10].https://blog.csdn.net/CHS007chs/article/details/36171399.

[5] 闽南理工学院备课笔记.数学建模备课笔记[EB/OL].(2018-12-11)[2023-08-09].https://ishare.iask.sina.com.cn/f/iHssgUbglT.html.

[6] 姜启源,谢金星,叶俊.(2021).数学模型(第五版).北京:高等教育出版社.

[7] 钱芳.数学模型是什么?它到底有什么用?[EB/OL].(2020-07-12)[2023-08-11].https://xsok.com/literature/297.html.

[8] Frank R Giordano,Maurice D Weir,Willian P Fox.数学建模[M].叶其孝,姜启源等译.第1版.北京:机械工业出版社,2005:46-51.

[9] 靖新.和大家谈谈数学模型之美——我的系列讲座之1[EB/OL].(2014-06-24)[2023-08-12].https://blog.sciencenet.cn/blog－680136－806181.html.

[10] 数学中国.数学模型与数学之美[EB/OL].(2019-11-16)[2023-08-11].https://www.shuxuejingwei.com/math_philosophy/157.html.

[11] 武少民,张伟平.孜孜探寻数学之美[N].人民日报,2022-07-04(008).DOI:10.28655/n.cnki.nrmrb.2022.007045.

第二章 探索之美

【本章导读】

从钻木取火、结绳记事的远古时期发展到今天智能、网络与大数据时代，人类经历了数千年的时间。数千年来，人类这些进步史已证明：探索与发现是人类进步和社会发展的巨大动力。我们人类所经历的最美妙的事就是探索与发现。本章从一个简单的问题（四皇后问题）开始逐步揭开回溯算法的秘密，领略探索与发现的艺术，感受计算的魅力。

第一节 回溯算法的由来

1848 年，国际西洋棋棋手马克斯·贝瑟尔提出了一个令人着迷的问题——八皇后问题。在 8×8 格的国际象棋上摆放 8 个皇后，使任意两个皇后都不能相互吃掉，有多少种摆法。该问题不仅吸引了棋手，甚至天才般的人物都对它着迷。柏林的象棋杂志上不同的作者发表了 40 种不同的解，著名的数学家高斯认为有 76 种方案，后来有人用图论的方法解出 92 种结果。如今八皇后问题已成为回溯算法的经典案例，那么八皇后问题到底有多少个不同的解呢？

为了快速了解国际象棋的数学原理，我们先将八皇后问题简化为四皇后问题。在 4×4 格的方格中（如图 2-1 所示）摆放 4 个棋子，使得没有两个皇后在同一行、同一列，以及同一条 45 度的斜线上。问有多少种可能的布局？

图 2-1　四皇后问题

在如图 2-2 所示的 4×4 的棋盘上，按列来摆放棋子，首先因为皇后棋子不能在同一列，所以先排除有 2 个或 2 个以上的棋子在同一列的情况，所以第一个棋子在第一列有 4 种摆放方法（a_{11}，a_{21}，a_{31}，a_{41}），同样第二个棋子在第二列有 4 种，同样第三个棋子在第三列有 4 种，同样第四个棋子在第四列有 4 种，所以进行简单的排除不在同一列的情况后，还有 4×4×4×4＝256 种可能，但是在这 256 种可能里，依然存在棋子在同一行或在 45 度斜线上的情况。从另一个角度思考，所有的满足四皇后问题的摆放方式一定都存在于这 256 种情况之中，简单的理解就是：这 256 种棋盘局面包含了所有满足 4 皇后问题的解，但是不包含全部的棋盘局面。

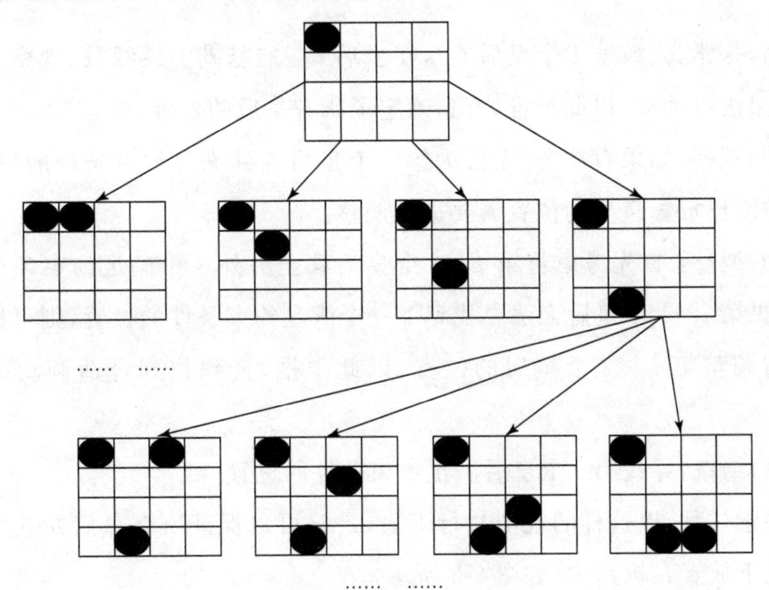

图 2-2　四皇后问题枚举法

可以用上面的方法穷举出所有的解，再遍历穷举的所有结果找出所有符合四皇后问题的解，但是这样会很浪费时间，所以这里可以用到回溯法，在构建解空间树的途中进行深度优先探索，当探索到某一种棋盘局面一定不是四皇后问题的解的时候(比如出现任意两个或两个以上的棋子在同一行/同一列/45 度斜线上)，就可以判断这个节点向下派生出的解空间树的节点也一定不是四皇后问题的解，这样就可以避免大量的无用功。

第二节　回溯算法的基本思想

回溯算法也叫试探法，它的基本思想是：从一条路往前走，能进则进，不能进则退回来，换一条路再试，是一种系统地搜索问题的解的方法，因此又称启发式搜索算法。

一、探索规则

(1)探索：先放第 1 个皇后 Q_1，在皇后 Q_1 的基础上继续放，观察有无冲突，如果没有冲突，以此类推，直到确定了所有皇后的位置。

(2)观察：如果有冲突，无法为第 i 个皇后找到满足约束条件的位置，说明其前面已放置皇后的位置需要进行调整。

(3)调整：首先考虑将第 $i-1$ 个皇后移至另外一个满足约束条件的位置，如果第 $i-1$ 个皇后无法寻找到下一个满足约束条件的位置，则可以进一步向前调整第 $i-2$ 个皇后的位置，以此类推，直到找到合适调动的皇后为止。

(4)结束：寻找第 i 个皇后满足约束条件的位置。

探索过程，以这样的规则执行下去，最终可以保证所有皇后在互不攻击的情况下放置在棋盘中(如图 2-3 所示)。

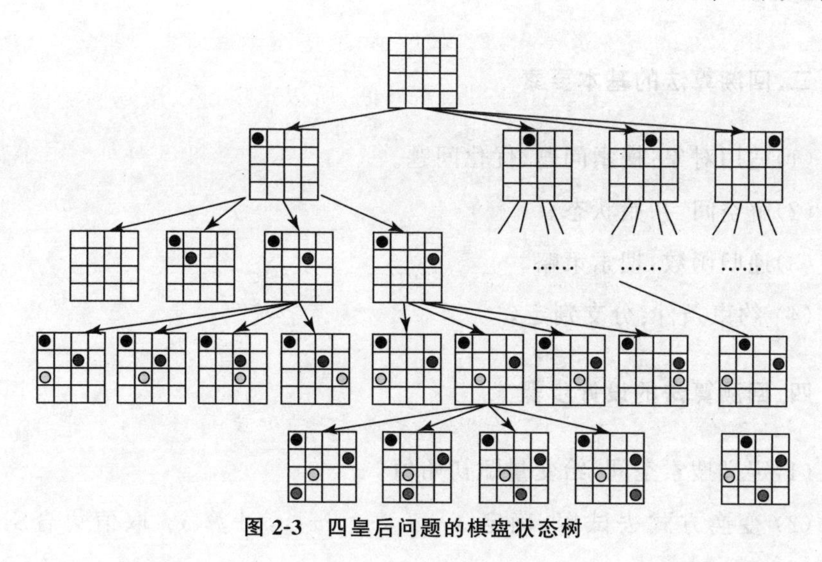

图 2-3　四皇后问题的棋盘状态树

二、问题转化

如果用树形结构来组织问题的解空间，得出状态空间树（如图 2-4 所示），那么寻找从起点到终点的路径的过程，实际上就是从根结点开始，使用深度优先方法对这棵树的一次搜索过程。在深度优先搜索的过程中，以构造的约束函数为对照条件，删除一些不可能的解，节省把解的剩余部分列出来的时间，进而提升搜索效率。

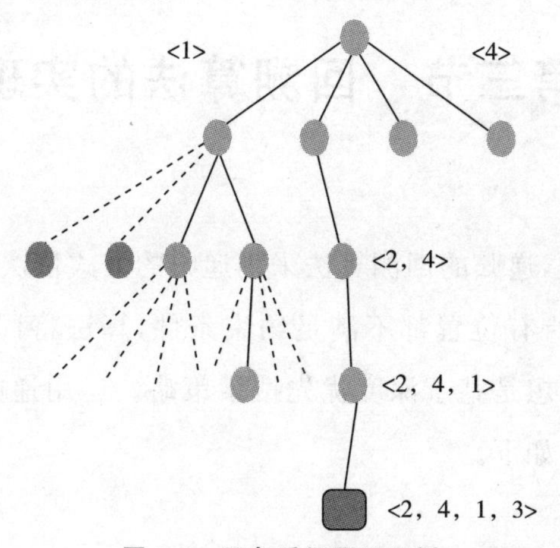

图 2-4　四皇后问题四叉树

三、回溯算法的基本要素

(1)适用对象:搜索问题、优化问题。

(2)解空间:初始状态。

(3)递归函数:搜索策略。

(4) 约束条件:分支判定。

四、回溯算法的设计步骤

(1)定义搜索空间,给变量赋初始值。

(2) 变换方式去试探,确定 $x_1, x_2, \cdots, x_{k-1}$,计算 x_k 取值集合 S_k,$S_k \subseteq X_k$。

(3) 确定结点排列规则。

(4) 判断是否满足多米诺性质。

(5) 搜索策略

(6) 确定分支约束条件。

(7) 确定存储搜索路径的数据结构。

第三节 回溯算法的实现

对 n 皇后问题,递归的回溯算法采用递归的方式依次确定每个皇后的位置,若一个皇后的所有位置都不满足约束条件,算法将回溯至前一个皇后。递归回溯算法的思想是基于深度优先搜索策略。运用递归回溯法解决 n 皇后问题伪代码描述如下。

Input:皇后数量 n

Output:一组可行解

```
void Main(   )
Flag ← false
row ← 0
Backtrack(row)
End

void Backtrack(int row)//为第 row 个皇后寻找合适的列
If Flag = ture
Then 递归终结 //找到一组解时结束程序
End if
For column:0 to n -1 do
If 检测到位置(row,column)没有和其他皇后互相攻击
Then 把一个皇后放到(row,column)
If 这个皇后是在最后一行
Then Flag←ture
打印此时的棋盘
End if
Backtrack(row +1) //从下一行开始继续递归
End if
End for
End
```

一、回溯算法的递归实现

ReBacktrack(n)

输入: n

输出:所有的解

fork　k ←1　to　n　计算 X_k

ReBack(1)

二、回溯算法的迭代实现

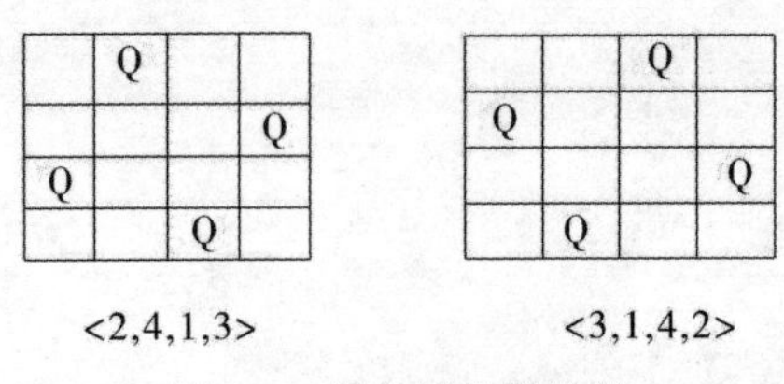

图 2-4　四皇后问题结果

在解决 n 皇后问题的过程中，若不进行任何的剪枝操作，最坏情况下，其时间复杂度可达 $O(n^n)$，属于指数级别。回溯法基于深度优先搜索的策略在整个解空间中进行搜索，并在不满足条件时及时进行剪枝操作。相比于一般的穷举法，回溯算法避免了一些不必要的搜索，并可将最坏情况下的时间复杂度优化至 $O(n!)$。

第四节　回溯算法的应用

着色问题背景：给定无向连通图 G 和 m 种颜色，用这些颜色给图的顶点着色，每个顶点一种颜色(见图 2-5)。

着色问题要求(规则)：G 的每条边的两个顶点着不同颜色。

问题提出：符合规则的着色方案有多少种?

分析问题：将颜色编号为 $1,2,\cdots,m$，结点定义为：$< x_1, x_2, \cdots, x_k >$，$x_1, x_2, \cdots, x_k \in \{1,2,\cdots,m\}, 1 \leqslant k \leqslant n$，$x_1$ 表示顶点 i 着颜色 x_i。本问题为搜索空间为深度 n 的 m 叉完全树问题(见图 2-6)。

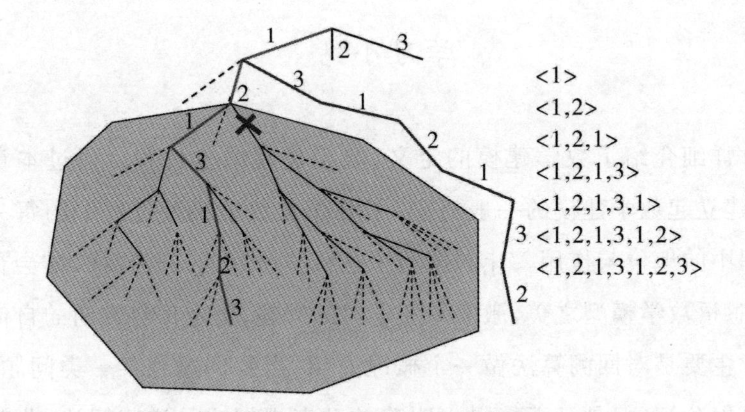

图 2-5　图的着色问题示例

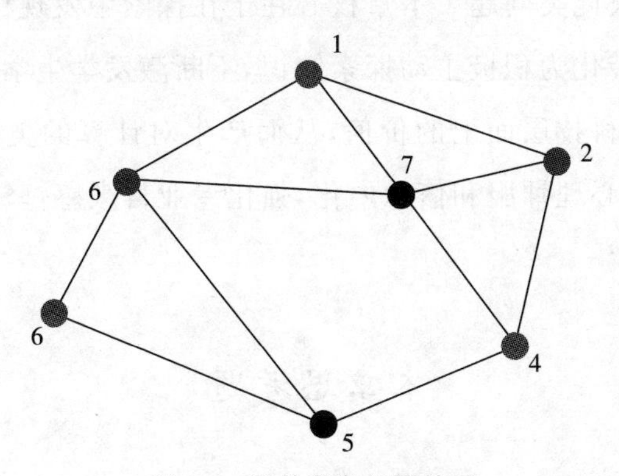

图 2-6　图的着色问题结果

科技拓展：由谷歌旗下 DeepMind 公司戴密斯·哈萨比斯领衔的团队开发的 AlphaGo 是第一个击败人类职业围棋选手、第一个战胜围棋世界冠军的人工智能机器人。其主要工作原理是将深度神经网络算法与高级搜索树算法结合在一起。这些神经网络以围棋棋盘描述作为输入，并通过包含数百万个类神经元连接的不同网络层次进行处理。

学习小结

本章详细介绍了数学建模的定义、数学建模的全过程。通过本章的学习,我们建立起数学建模的一般概念,了解建立数学模型过程中的每一步骤在该过程中的地位与作用。让同学们了解科学研究的一般规律,体会自然界的神奇,感悟数学模型之美,激发专业学习的兴趣,坚定信科方向的自信。

本章主要是对回溯算法做一个概况介绍,当我们遇到某一类问题时,它的问题可以分解,但是又不能得出明确的动态规划或是递归解法,此时可以考虑用回溯法解决此类问题。本章核心在于在探索中发现科学之美,让学生把被动接受知识转化为积极主动探索知识,不断激发学生学算法、用算法、爱算法,理解算法在科技层面上的价值,从而产生对计算的美感体验和价值共鸣,产生对计算的心理拜服和信念内化,强化专业自豪感,坚定数学信仰和数学理想。

本章思考题

(1)回溯算法可以用来解决什么类型的问题?

(2)回溯算法的缺点是什么?

(3)回溯算法可以怎么改进?

(4)寻找生活中的应用问题,你能发现生活中的哪些探索之美?

关键词

搜索空间 search space

回溯 backtracking

回溯递归 backtracking recursion

深度优先 depth first

搜索策略 search strategy

科技 technology Development

参考文献

[1] 屈婉玲.算法设计与分析[M].清华大学出版社,2017.

[2] 王晓东.计算机算法设计与分析[M].北京:电子工业出版社,2005.

[3] 韦斯.数据结构与算法分析:Java 语言描述[M].北京:机械工业出版社,2016.

[4] 王新勇.探索计算之美——Python round 函数探究[J].中国信息技术教育,2021(20):4.

[5] 左飞.算法之美[M].北京:电子工业出版社,2016.

[6] 布莱恩·克里斯汀 & 汤姆·格里菲斯.算法之美[M].中信出版集团,2018.

[7] 刘铁猛.算法之禅[M].中国水利水电出版社,2020.

第三章　不动点之美

【本章导读】

数学大师陈省身先生曾说过数学有好、坏之分。“好的数学就是有开创性的，有发展前途的；好的数学可以不断深入，有深远意义，能够影响许多学科。”[①]并且说解方程就是好的数学，这一类的数学是不断发展的，有永恒价值，所以是好的。不动点定理正是现代解方程的最主要的工具之一。这些不动点定理从几何上、拓扑上看非常漂亮、直观，体现了纯数学的优美和精致；可用来解决自然科学或者经济、政治生活中的大问题，展现了数学在自然科学和社会发展中的高度的应用。因此这些不动点定理称得上是数学定理的典范。本章部分主要选自钱定边先生的《不动点定理漫谈》。

第一节　神奇的不动点

如果有人告诉你，在任何时刻地球上总可以找到一个点，此时此刻在这个点上没有风，你一定对此感到十分惊讶，然而这却是千真万确的事实，缩小范围可能会使你更加信服。大家知道，台风是热带海洋上的大风暴，它实际上是一团范围很大的旋转空气。我们常听到电台广播台风的消息，说是台风中心附近的风力达 12 级，这是指台风中心附近的风速达到每秒 33 米，它相当于通常汽车速度的 3 倍。可是，在如此凶猛的台风的中心地带（直径约8～

① 钱定边先生的《不动点定理漫谈》

40 千米)，由于外围的空气旋转得太厉害，不易进到里面去，所以那儿的空气几乎是不旋转的，因而也就没有风。下面是一则真实的报道，是一位美国的气象学家乘坐台风侦察机，穿入太平洋上的一个台风眼时，对目睹情况所做的生动描述，它无疑能够加深你对“台风眼”这一奇异景观的了解。

图 3-1　台风眼

“……不久，在飞机的雷达荧光屏上开始看到无雨的台风眼边缘。飞机从倾盆大雨中颠簸而过之后，突然，我们来到耀眼的阳光和晴朗的蓝天下。在我们的周围展现出一幅壮丽的图景：台风眼内是一片晴空，其周围被一圈圈云墙环抱。有些云墙笔直地向上耸立着，而有些云墙则像大体育场的看台倾斜而上……”①

看！在那宛如万马奔腾的怒吼狂风中，果然存在着一个风的不动点。

不动点的现象在自然界和生活中随处可见。日本东京工大田中富教授在《科学之谜》②一书中，提到一件有趣的事：老师带着一批学生到一座寺庙参观，老师把头伸到大吊钟里去观察钟的结构；有一个学生很淘气，想吓唬老师，就使劲用撞钟木去敲击大钟，结果是没有吓着老师，自己反倒被震耳的钟声吓了一大跳。为什么会出现这种现象呢？老师头部所在位置实际上是声波的不动点，相反，敲钟学生站的地方恰是钟振动最大的地方，所以声音自然特别刺耳。

---

①　https://baijiahao.baidu.com/s? id=1751748049338652999&wfr=spider&for=pc.

②　https://baijiahao.baidu.com/s? id=1751748049338652999&wfr=spider&for=pc.

图 3-2 敲钟问题

第二节 什么是不动点

我们可以做一个有趣的游戏。拿来同一个人的大小两张照片，把小照片随手叠放在大照片之上，然后你向观众宣布：大小两张照片上一定有一个重叠的点，指的是这个人像的同一个部位。

对此，你的观众一定会半信半疑，不过，当你告诉他如何找到这个不动点时，他的一切疑虑都会烟消云散。下面我们首先来看一下什么是不动点。

在中学我们知道二次方程 $ax^2+bx+c=0$ 有求根公式

$$x_{1,2}=\frac{-b\pm\sqrt{b^2-4ac}}{2a}$$

其中，$x_{1,2}$ 是方程的根。另一方面，我们也知道 5 次以上的代数方程没有像二次方程那样的求根公式，求一般的超越方程的根就更困难，因此我们换个角度来解释。

考察一个定义在实轴 **R** 上的映射：

$$f:x\rightarrow ax^2+bx+c+x$$

满足 $f(x_{1,2})=x_{1,2}$ 这样的 $x_{1,2}$ 称为映射 f 的不动点。一般地，有如下定义：

设 F 是定义在集合 E 上的映射，并且 F 的值域也在 E 内，那么，满足 $F(x_0)=x_0$ 的点 $x_0\in E$ 称为 F 的不动点。

容易看到，求 F 的不动点也相当于求方程 $F(x)=x$ 在 E 中的解。当然，这儿的方程可以是代数方程，也可以是微分方程、算子方程，或者是一些随机方程。因此，E 的元素可以是数、向量，也可以是函数，或者是一些特定的集合等。

在 E 中寻找 F 的不动点就好比大海捞针，如果大海里根本就没有针，所有的工作都是徒劳。同样，在找不动点前最好能够知道 E 中是否存在 F 的不动点。从数学上看，搞清楚在什么条件下集合 E 对怎样的映射 F 有不动点就有十分重要的意义。

第三节　布劳威尔不动点定理

我们从一个简单情况谈起。在数学分析中有一个熟知的命题：设连续函数 f 把单位闭区间[0,1]映到[0,1]中，则有 $x_0\in[0,1]$，使 $f(x_0)=x_0$（其证明是连续函数介值定理的一个简单应用：设 $g(x)=f(x)-x$，则 $g(0)\geqslant 0$，$g(1)\leqslant 0$，故存在 $x_0\in[0,1]$ 使 $g(x_0)=0$）。从图 3-3 上看 f 的不动点 x_0 对应到连续曲线与直线交点的横坐标。这个命题就是经典的布劳威尔不动点定理的一维形式。

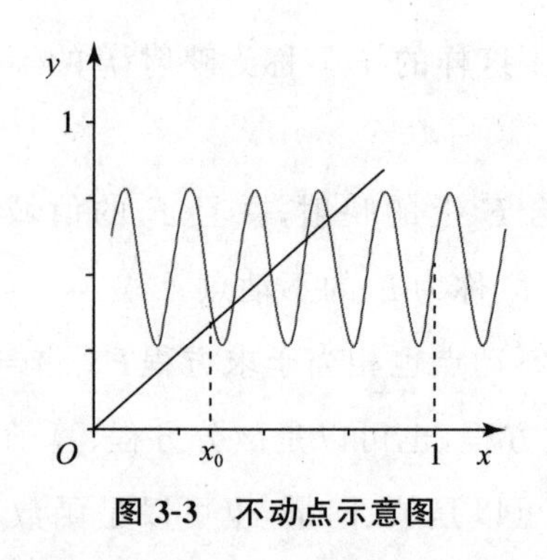

图 3-3　不动点示意图

荷兰数学家布劳威尔在 1910 年发表了一篇题为“关于流形的映射”的文章，这是一篇奠定了许多近代拓扑学基础的开创性论文，特别是，布劳威尔在这篇论文中证明了如下经典的不动点定理。

定理 3.1　设 D 是 $\mathbf{R}^n$ 中非空紧凸集，F 是 D 到 D 的连续映射，则 F 在 D 中至少有一个不动点。

在 $\mathbf{R}^n$ 中，紧的含义是“有界并且闭”。如果 $\forall p_1, p_2 \in D$，对任意 $\lambda \in [0, 1]$，有 $\lambda p_1 + (1-\lambda) p_2 \in \mathbf{D}$（即连接 p_1，p_2 的线段也在 D 中），则 d 称是凸集。在 $\mathbf{R}^3$ 中紧凸集的例子有单位闭球（三维几何体），单位闭球中任意一个大圆盘（二维几何体），或者单位闭球中的某根轴（一维几何体）都是紧凸集。

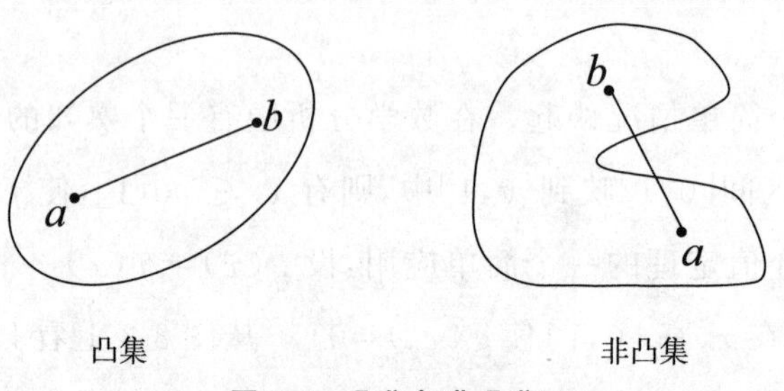

图 3-4　凸集与非凸集

下面我们举出一些应用布劳威尔不动点定理的例子。

非负矩阵的特征值：设

$$
\mathbf{A} = \begin{pmatrix} a_{11} & a_{11} & \cdots & a_{1n} \\ a_{21} & a_{22} & \cdots & a_{2n} \\ \cdots & \cdots & \cdots & \cdots \\ a_{n1} & a_{n2} & \cdots & a_{nn} \end{pmatrix}
$$

是一个 $n\times n$ 的非负矩阵，即 $a_{ij}\geqslant 0, i, j=1,2,\cdots,n$。证明 $\mathbf{A}$ 必有非负的特征值和非负的特征向量，即存在 $\lambda\geqslant 0$，及非零向量 $\boldsymbol{x}$，其分量 $x_1, x_2, \cdots, x_n$ 均非负，使 $\boldsymbol{A}\boldsymbol{x}=\lambda\boldsymbol{x}$。为此，我们定义集合：

$$D=\{(x_1,x_2,\cdots,x_n)\in\mathbf{R}^n \mid x_i\geqslant 0; i=1,2,\cdots,n; x_1+x_2+\cdots+x_n=1\}$$

如果 $\boldsymbol{A}\boldsymbol{x}=0$ 对某个非零向量 $\boldsymbol{x}\in D$ 成立，则 $\lambda=0$ 就是 $\mathbf{A}$ 的零特征值。如果 $\boldsymbol{A}\boldsymbol{x}\neq 0$，对 $\boldsymbol{x}\in D$ 均成立，则由于 D 是 $\mathbf{R}^n$ 中的有界闭集，并且 $\mathbf{A}$ 的每个元素均非负，故 $\sum\limits_{i=1}^{n} y_i\geqslant\alpha>0$，其中 $y_1, y_2, \cdots, y_n$ 是非负向量 $\boldsymbol{y}=\boldsymbol{A}\boldsymbol{x}$ 的分量，$\boldsymbol{x}\in D$。定义 D 上的映射 $F:\boldsymbol{x}\to\left(\sum\limits_{i=1}^{n} y_i\right)^{-1}\boldsymbol{y}$，则 F 是 D 到 D 的连续映射。易见 D 是闭凸集。故由布劳威尔不动点定理，$\exists\,\boldsymbol{x}^0\in D$ 使 $F(\boldsymbol{x}^0)=\boldsymbol{x}^0$ 取 $\lambda=\sum\limits_{i=1}^{n} y_i^0$（其中 $y_1^0, y_2^0, \cdots, y_n^0$ 是 $\boldsymbol{y}^0=\boldsymbol{A}\boldsymbol{x}^0$ 的 n 个分量），就有 $\boldsymbol{A}\boldsymbol{x}^0=\lambda\boldsymbol{x}^0$。故 λ 是 $\boldsymbol{A}$ 的非负特征值，而 $\boldsymbol{x}^0$ 是 $\boldsymbol{A}$ 的负特征向量。这样，我们就用布劳威尔不动点定理证明了一个很漂亮的代数结果，应该指出这个结果在规划论中很重要。

如果说上面的例子和直接的应用还有一点距离的话，下面的例子就直接来自社会与经济学问题。

职业流动考虑上(1)、中(2)、下(3)三种不同职业阶层在下一代职业选择上的流动。用 h 表示第 i 种职业阶层从业者的子女转入第 j 种职业的概率（这是国外某个研究所的数据），[①]那么职业流动就可以用下列状态转移矩阵表示：

$$\boldsymbol{P}=\begin{array}{c} \\ 1 \\ 2 \\ 3 \end{array}\begin{array}{c} \begin{array}{ccc} 1 & 2 & 3 \end{array} \\ \begin{pmatrix} 0.448 & 0.484 & 0.068 \\ 0.054 & 0.699 & 0.247 \\ 0.011 & 0.503 & 0.486 \end{pmatrix} \end{array}$$

社会学家关心是否存在一个稳定的流动状态，为此，以 $x(t)=(x_1(t), x_2(t), x_3(t))$ 表示在 t 代时三种职业阶层中劳动者的百分比，就有 x_1, x_2，

① 钱定边先生的《不动点定理漫谈》。

$x_3 \in [0,1]$ 且 $x_1 + x_2 + x_3 = 1$，并且 $x(1) = x(0)P$，即初始的职业分布 $x(0)$ 经过一代以后转移为 $x(1)$。同理，两代后的分布为 $x(2) = x(1) = x(0)P^2$。一般地，$x(t) = x(0)P^t$，并且满足 $x(t+1) = x(t)P$。

如果 $x(t)$ 当 $t \to \infty$ 有一个极限值 x^*，就有 $x^* = x^*P$。因此以 $F: x \to xP$ 表示 $D = \{(x_1, x_2, x_3) \mid x_1, x_2, x_3 \geqslant 0; x_1 + x_2 + x_3 = 1\}$ 上的连续映射。由布劳威尔不动点定理可以得到 F 的不动点 x^* 存在，容易看到 x^* 就是稳定的职业选择分布。

经济学家关心市场供求关系中是否存在使得供给正好等于需求的均衡价格。1938 年，冯·诺伊曼(J.von Neumann)发表题为“经济方程组和布劳威尔不动点定理的推广”的文章，开始把不动点定理引入经济学的研究。阿罗(K.Arrow)于 1973 年，德勃罗(G.Debren)于 1983 年先后以“一般均衡理论”的工作获得诺贝尔经济学奖，不动点理论在其中起着非常关键的作用。下面是一个均衡经济的简单例子，它表明供应、需求和价格的概念是如何与不动点的存在性联系在一起的。

设有甲、乙两位消费者，各拥有 A, B, C 三种商品的数量为 A_1, B_1, C_1 和 A_2, B_2, C_2。A, B, C 的初始市场定价分别为 P_A, P_B, P_C，并给予标准化，即设 $P_A + P_B + P_C = 1$，$P_A, P_B, P_C \geqslant 0$，假定甲、乙会出售 A, B, C，他们得到的收入分别为

$$x_1 = A_1 P_A + B_1 P_B + C_1 P_C$$

$$x_2 = A_2 P_A + B_2 P_B + C_2 P_C$$

根据各自的情况，甲、乙分别希望以其收入的 $k_1(A)$ 和 $k_2(A)$ 买进 A，$k_1(B)$ 和 $k_2(B)$ 买进 B，$k_1(C)$ 和 $k_2(C)$ 买进 C，其中 $k_i(A) + k_i(B) + k_i(C) = 1$，$i = 1, 2$。这样，对应于商品 A, B, C 的市场期望货币分别为

$$x_1 k_1(A) + x_2 k_2(A)$$

$$x_1 k_1(B) + x_2 k_2(B)$$

$$x_1 k_1(C) + x_2 k_2(C)$$

除掉相应的商品总数，得期望定价分别为

$$Q_A = \frac{x_1 k_1(A) + x_2 k_2(A)}{A_1 + A_2}$$

$$Q_B = \frac{x_1k_1(B) + x_2k_2(B)}{B_1 + B_2}$$

$$Q_C = \frac{x_1k_1(C) + x_2k_2(C)}{C_1 + C_2}$$

按照关系：

$$P'_A + P'_B + P'_C = 1 \quad P'_A, P'_B, P'_C \geqslant 0$$

$$P'_A : P'_B : P'_C = Q_A : Q_B : Q_C$$

定义新的标准价 P'_A, P'_B, P'_C。如果新的标准价与原始的标准价一致，即 $P'_A = P_A, P'_B = P_B, P'_C = P_C$，则可以证明期望定价就是初始定价。事实上，此时可以假设 $Q_A = \lambda P_A, Q_B = \lambda P_B, Q_C = \lambda P_C$，于是有

$$\lambda P_A = \frac{x_1k_1(A) + x_2k_2(A)}{A_1 + A_2}$$

$$\lambda P_B = \frac{x_1k_1(B) + x_2k_2(B)}{B_1 + B_2}$$

$$\lambda P_C = \frac{x_1k_1(C) + x_2k_2(C)}{C_1 + C_2}$$

即

$$\lambda(P_AA_1 + P_AA_2) = x_1k_1(A) + x_2k_2(A)$$

$$\lambda(P_BB_1 + P_BB_2) = x_1k_1(B) + x_2k_2(B)$$

$$\lambda(P_CC_1 + P_CC_2) = x_1k_1(C) + x_2k_2(C)$$

相加得

$$\lambda(x_1 + x_2) = x_1 + x_2$$

因此得 $\lambda = 1$，所以期望定价与初始定价一致，并且甲，乙所持有的商品 A 的总数

$$\frac{x_1k_1(A) + x_2k_2(A)}{P_A} = A_1 + A_2$$

应保持不变。同理，商品 B，C 的总数也保持不变，这就是均衡价格，也就可以使商品能够按照人们的财富和愿望进行分配。

容易看到新的标准价 P'_A, P'_B, P'_C 是由原始的标准价 P_A, P_B, P_C 唯一定义的。随意取 P_A, P_B, P_C 不见得就有 $P'_A = P_A, P'_B = P_B, P'_C = P_C$，如

果记 F 为从三维向量（P_A, P_B, P_C）到三维向量（P'_A, P'_B, P'_C）的映射，从数学上看，寻求均衡价格就转化为找 F 的不动点。

下面我们就用布劳威尔不动点原理证明 F 的不动点的存在性，从而得到均衡价格的存在性。可见 F 是三维连续映射，且 F 把集合 $D=\{(x,y,z) \mid x+y+z=1; x,y,z \geqslant 0\}$ 映到自身。而 D 是 $\mathbf{R}^3$ 中平面 $x+y+z=1$ 在第一卦限的部分，所以 D 是一个凸的有界闭集。由布劳威尔不动点定理，存在不动点（x_0, y_0, z_0）$\in D$ 使 $F(x_0, y_0, z_0)=(x_0, y_0, z_0)$，取初始价格为 $P_A=x_0$，$P_B=y_0$，$P_C=z_0$，则这个价格就是均衡价格。

当然，这里讨论的只是一种具有启发意义的理想模型，我们并没有考虑实际经济生活中的商品消耗等诸多动态因素。同样在职业流动问题中我们考虑的只是最基本的模型，没有考虑社会发展等诸多因素。

我们以 S^1 记单位圆周，S^2 记单位球面，S^n 为 $\mathbf{R}^{n+1}$ 中的单位球的边界曲面。容易看到这些"曲面"是可以"定向"的，比如我们可以记 S^2 的外表面为正向的，内表面是反向的，不可定向的曲面的最著名的例子是莫比乌斯带（Möbius strip），即把长方形的纸条两头一粘，如图 3-5 所示，其带子无正、反面。如果 F 把 S^n 的正面映到正面，称一个从 S^n 到 S^n 的连续映射 F 是保向的；如果 F 把 S^n 的正面映到反面，称 F 是反向的。

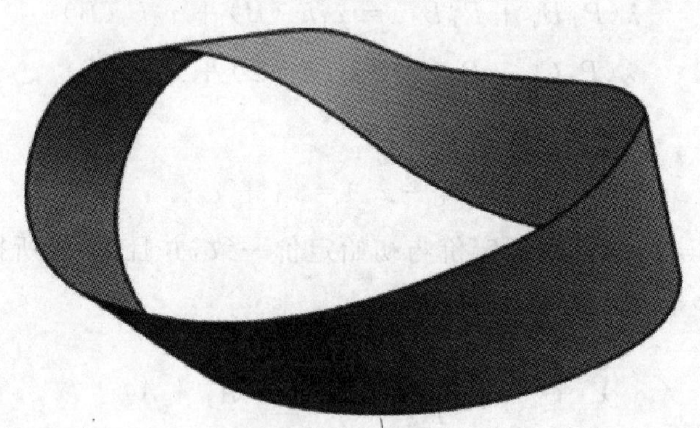

图 3-5　莫比乌斯带

布劳威尔还证明了如下曲面上连续映射的不动点定理。

定理 3.2　设 F 是 S^n 到 S^n 的连续映射，若 n 为偶数且 F 是保向的，或者 n 为奇数且 F 是反向的，则 F 在 S^n 上有一个不动点。

我们用上述定理来解释自然界的一些有趣现象。考虑一个浑身长满刺的豪猪,如果长得足够丰满,它的表面可看成一个球面。我们可以把豪猪的刺"连续"梳平,也就是说,假如刺的根部很靠近,它们被梳平后的头部也很靠近,这样就给出了从球面上每一点的刺的根部到刺的头部所在位置的连续映射 $F:p \to F(p)$。如果根部在 p 点的刺被梳平了,就必有 $F(p) \neq p$。而由定理 3.2 必存在 $p_0 \in S^2$,使 $F(p_0)=p_0$,因此必然有某根刺是垂直的、不可梳平的,或者硬要梳平 F 就不是连续的,也就会出现类似于人头发上的"旋"或者"路"。如果把 S^2 看成空气的流动,则这种流动必定会有某一处的风向是垂直的,即有旋风模式。

第四节　压缩映射定理

假如一个不动点定理既能保证不动点的存在性,又有给出具体计算不动点的方法,则这样的定理应用起来就十分方便,但在相当长的时间内人们并不知道如何具体计算布劳威尔不动点定理所给出的不动点。这一节要介绍的压缩映射定理则没有这方面的缺陷,其证明十分简单,而且是构造性的,也就是说,我们可以按照证明的方法把不动点找出来。压缩映射定理的应用也十分广泛,数学中许多重要的定理,如隐函数定理、微分方程解的存在性定理等,都可用它给出简洁的证明。压缩映射定理是波兰数学家巴拿赫(S. Banach)在 1922 年证明的,又称为 Banach 不动点定理。

定理 3.3　设 E 是一个非空的完备度量空间, F 是 E 到 E 的压缩映射,则 F 在 E 中有唯一的不动点。

通常的欧氏空间 $\mathbf{R}^n$ 和它的有界闭集,或者连续函数全体组成的空间都是完备度量空间。所谓压缩是指 $\forall p,q \in E$,有

$$\|F(p)-F(q)\| \leqslant c\|p-q\|$$

其中, $0 \leqslant c \leqslant 1$; $\|\cdot\|$ 表示 E 的度量。

我们先用压缩映射定理来做一个有趣的应用问题。假如我们把一张中国地图摊在课桌上,是否在地图上正好有一点就位于它所代表的点上?把整个中国看成一个完备的度量空间,映射 F 把真实的点映到地图上相应的点,易见 F 是一个压缩映射(地图的比例系数就是压缩常数 c),根据压缩映射定理 F 存在唯一的不动点,这个点的位置就在地图上相应点的下面。

下面用压缩映射定理来做一个数学上相对难一点的问题。证明函数方程 $f(x)=x+\frac{1}{2}\sin f(x)$ 有一个定义在 $[-1,1]$ 上的连续解 $f(x)$。

注意到如果这样的 f 存在,则 $|f(x)|\leqslant\frac{3}{2}$。为此,考虑完备度量空间:

$$E=\left\{f(x)\,\middle|\,f(x)\text{ 是 }[-1,1]\text{ 上的连续函数};|f(x)|\leqslant\frac{3}{2}\right\}$$

以 $\|f(x)\|=\max\limits_{x\in[-1,1]}|f(x)|$ 表示 E 中的度量。考虑映射 $F(f(x))=x+\frac{1}{2}\sin f(x)$,则有

$$F(f_1(x))-F(f_2(x))=x+\frac{1}{2}\sin f_1(x)-\left(x-\frac{1}{2}\sin f_2(x)\right)$$

$$\|F(f_1)-F(f_2)\|=\max_{x\in[-1,1]}\left|\frac{1}{2}(\sin f_1(x)-\sin f_2(x)\right|$$

$$\leqslant\max_{x\in[-1,1]}\frac{1}{2}|\cos\zeta(x)|\cdot|f_1(x)-f_2(x)|$$

$$\leqslant\max_{x\in[-1,1]}\frac{1}{2}|f_1(x)-f_2(x)|=\frac{1}{2}\|f_1-f_2\|$$

并且对于任意 $f\in E$,有

$$|F(f)|=\left|x+\frac{1}{2}\sin f(x)\right|\leqslant 1+\frac{1}{2}=\frac{3}{2}$$

所以,F 是 E 上的压缩映射,有唯一的不动点,记为 $f_*(x)$,则 $f_*(x)$ 就是函数方程的解。如果要求 f_* 的近似表达式,我们可以通过逐次迭代来做到。记 $f_{n+1}(x)=F(f_n(x))$,则可以证明 $\{f_n(x)\}$ 在 E 中收敛到 f_*,初始函数 $f_0(x)$ 可任取,比如取恒同函数 $\mathrm{id}(x)\equiv x$,则可得出 $f_n=F^n(\mathrm{id})$ 与

f_* 的误差为

$$\|F^n(\mathrm{id})-f_*\|\leqslant\|F^n(\mathrm{id})-F(f_*)\|\leqslant\frac{1}{2}\|F^{n-1}(\mathrm{id})-f_*\|\leqslant\cdots$$

$$\leqslant\left(\frac{1}{2}\right)^n\|x-f_*\|\leqslant\left(\frac{1}{2}\right)^n\left(1+\frac{3}{2}\right)$$

作为练习,读者可以自行证明超越方程 $3x=\mathrm{e}^x$ 有解并计算这个解的近似值。

第五节　不动点的计算

布劳威尔本人并没有指出如何计算他所证明的不动点,他的论文中的证明并不是构造性的,有趣的是布劳威尔本人并不欣赏这一类的证明。布劳威尔是数学直观主义的最主要的代表人物,有人称布劳威尔把他的事业的后半段用于谴责在数学命题的证明中的非构造性方法。布劳威尔过火的行为甚至让他丢掉了美国数学年刊(Annals of Mathematic,当代最权威的数学期刊之一)的编委职务,但我们也应该看到直观主义者的积极的方面,正是由于直观主义者的执着,现代数学宝库中才增加了许多可供实际计算的利器。布劳威尔本人就曾经提出过一种可供计算的复多项式零点定理(代数基本定理)的构造性证明。直到现在,复多项式零点的计算仍被认为是最主要的计算问题之一。

布劳威尔不动点计算的革命性方法可归功于数理经济学家的参与,这方面的重要突破是由普林斯顿大学数学博士出生的经济学家斯卡夫(H.Scarf)给出的。这类算法的基础是所谓的斯彭内尔(Sperner)引理,它对给定的有界闭凸集进行一些几何体的分割(单纯剖分),并给予适当的整数标号,使计算能够唯一地进行而不发生分歧。在计算一维情形的不动点时(此时,$f(x)=x$ 的不动点对应于曲线 $y=f(x)$ 与对角线 $y=x$ 的交点),把[0,1]分成足够多的小区间,依每个小区间端点处函数图象位于对角线之上或对角线之下给予不同的整数标号,如对角线之上标为1,对角线之下标为2,相邻的端点如有不同的标号,则在这样的区间中必有不动点。这样的区间再细分,直至找到的不动点足够的近似。对于高维的情形当然要复杂得多。

由斯卡夫开创的不动点算法既使数学能真正用于实践,又给计算数学的进步带来新的课题与动力。

我们也必须指出,非构造性的数学证明与定理对实际问题的解决带来的影响也是不可低估的。一方面,它们有哲学上的指导意义,如诺贝尔经济学奖得主德勃罗在其获奖演说中就感谢著名数学家斯梅尔(S.male,费尔茨奖得主)向他介绍了扎德(Sard)定理(这是一个纯数学命题,内容是说“好”的情况发生的概率为1),使他意识到不必为个别“坏”情况的可能存在而束手无策,从而使他的研究豁然开朗。另一方面,它们迈出了走向解决实际问题的第一步,如正是布劳威尔证明不动点的存在,才使得他和后面的人们有可能去寻找计算不动点的方法,从而解决实际问题。

第六节　推广和其他

登月问题:美国的阿波罗11号曾成功地登月,我们从数学的角度来看看人类登上月球的可能。在重力场作用下质点的牛顿运动方程组描述了宇宙飞船的运动状态。以$(q_1(t),q_2(t),q_3(t))$表示t时刻飞船的空间位置,以$(p_1(t),p_2(t),p_3(t))$表示对空间三个方向的速度。自$t=0$出发,在$t=T$时登月,给定了$t=0$,$t=T$时的条件(称为边值条件,比如着落点的位置与零速度),那么运动可以用一条$\mathbf{R}^6$中联结两个固定点的足够光滑的曲线$x(t)=(q_1(t),q_2(t),q_3(t),p_1(t),p_2(t),p_3(t))$表示。把所有这样的光滑曲线作为元素组成无穷维的拓扑空间E,按照牛顿运动定律,登月过程可以描述为足够精确的微分方程组,现在的问题是能否在是定义在E中找到这个方程组的解。可以用很多手段把给定边值条件的微分方程的解描述为E上映射的不动点，以最简单的二阶方程 $x''=f(t,x,x')$ 为例，设边界条件为 $x(0)=a,x(T)=b$，上述微分方程在给定边界条件下可转化为 一个积分方程

$$x(t)=a+\frac{(b-a)t}{T}-\int_0^T G(t,s)f(s,x(s),x'(s))\mathrm{d}s$$

其中，$G(t,s)$ 是所谓的格林函数(Green)。令

$$F:x(t)=a+\frac{(b-a)}{T}-\int_0^T G(t,s)f(s,x(x),x'(s))\mathrm{d}s$$

其中，F 是定义在$[0,T]$上满足边界条件的全体光滑函数组成的函数空间 E 上的映射；E 是无穷维空间，并且如果选一个初始函数 $x_0(t)\in E$，就可得 $F(x_0(t))=x_1(t)\in E$ 依次迭代得到一个函数序列$\{x_n(t)\}$，如果这个序列收敛到 $x_*(t)$，则 $x_*(t)$ 就是所要求的解。为此，需要发展无穷维空间上的不动点定理及计算方法，这方面最基本的不动点定理是由德国数学家绍德尔(J.Schauder)给出的。

旋转度：布劳威尔在证明不动点定理时引入的数值不变量——映射度，后来被发展为拓扑度的数学工具(有限维时称为布劳威尔度，无穷维时称为勒莱(J.Leary)-绍德尔度)。拓扑度的最简单的例子是向量场的旋转度，只要一点数学分析知识就可加以讨论。

设 $\boldsymbol{F}:\mathbf{R}^2\to\mathbf{R}^2$ 是连续映射，我们也称 $\boldsymbol{F}$ 是 $\mathbf{R}^2$ 上的一个连续向量场，即对每一点$(x,y)\in\mathbf{R}^2$，确定一个随(x,y) 连续变化的向量 $\boldsymbol{F}(x,y)$，设 L 是光滑的封闭曲线，包围区域 D。如果 $\boldsymbol{F}$ 在 L 上恒不取零向量，则可定义

$$\boldsymbol{T}(x,y)=\frac{\boldsymbol{F}(x,y)}{|\boldsymbol{F}(x,y)|}$$

$\boldsymbol{T}$ 把 L 映射到单位圆周 S^1。当点(x,y) 在 L 上逆时针方向绕一周时，向量 $\boldsymbol{T}(x,y)$ 在 S^1 上绕整数圈，所绕圈数的代数和(逆时针方向为正)称为向量场 $\boldsymbol{F}$ 沿 L 的旋转度，记为 $\gamma(\boldsymbol{F},L)$(公转 1 圈，自转 $\gamma(\boldsymbol{F},L)$ 圈)。可以证明如果 $\gamma(\boldsymbol{F},L)\neq 0$，则存在$(x_0,y_0)\in D$，使 $\boldsymbol{F}(x_0,y_0)$ 为零向量。旋转度的另一个重要性质是同伦不变性，即如果 $\boldsymbol{F},\boldsymbol{G}$ 是在 L 上不为零向量的连续向量场，且 $\forall\lambda\in(0,1)$，形变 $\lambda\boldsymbol{F}+(1-\lambda)\boldsymbol{G}$ 在 L 上不为零向量(称为 $\boldsymbol{F}$ 与 $\boldsymbol{G}$ 同伦)，则 $\gamma(\boldsymbol{F},L)=\gamma(\boldsymbol{G},L)$，我们就用这些简单性质证明著名的代数

基本定理:复数域上的 n 次多项式 $P_n(z)$ 至少有一个根。

首先,设单项式 $z^n = G_1(x,y) + G_2(x,y)\mathrm{i}$,其中 x,y 分别为 z^n 的实部和虚部。定义连续向量场 $\boldsymbol{G}(x,y) = (G_1(x,y), G_2(x,y))$,根据定义用简单的曲线积分可计算出对于足够大的 r,$\gamma(\boldsymbol{G}, S_r) = n$,其中 S_r 是以 r 为半径的圆周。对于一般的 n 次多项式 $P_n(z)$,不妨设其首系数为 1,作复多项式的形变 $\lambda z^n + (1-\lambda)P_n(z)$,再乘复共轭 $\bar{z}^n$,得

$$\lambda \bar{z}^n z^n + (1-\lambda)\bar{z}^n P_n(z) = |z|^{2n} + (1-\lambda)\bar{z}^n Q_{n-1}(z)$$

其中,$Q_{n-1}(z)$ 是 z 的 $n-1$ 次多项式。故取 $|z| = r$ 足够大,就有 $|z|^{2n} + (1-\lambda)\bar{z}^n Q_{n-1}(z) \neq 0$,即向量场 $\boldsymbol{F}$ 与 $\boldsymbol{G}$ 同伦。故对足够大的 r,$\gamma(\boldsymbol{F}, S_r) = \gamma(\boldsymbol{G}, S_r) = n \neq 0$。从而 $\boldsymbol{F}$ 在复平面的由 S_r 圈起的闭圆盘内可取到零点,也就是说 $\exists z_0 (|z_0| < r)$,使 $\boldsymbol{F}(z_0) = 0$.

学习小结

本章介绍了几个经典的不动点定理以及相关的趣事。不动点理论是一个历久弥新的领域,它既古老又富有创新的活力,在近现代发展史中,有关不动点理论的研究极其迅速,因此不动点定理也是日臻完善。而有关不动点定理的很多知识都是本科及研究生课程的基本,是泛函分析中最重要的理论之一,它在研究数学物理方程及求解方程方面有着重要的作用,希望学生能通过以上学习体会不动点的神奇,感悟不动点之美,激发专业学习的兴趣。

本章思考题

(1)设数列 $x_1 = \sqrt{2}, x_2 = \sqrt{2+\sqrt{2}}, \cdots, x_{n+1} = \sqrt{2+\sqrt{x_n}}$,证明数列 $\{x_n\}$ 收敛并求其极限。

(2)寻找生活中的其他不动点,你能发现生活中的哪些不动点之美?

关键词

不动点 fixed point

不动点定理 fixed point theorem

压缩映射 compressed mapping

参考文献

[1] 钱定边.不动点定理漫谈[J].中学数学月刊,2005(12).

[2] 卡斯蒂 L.20 世纪数学的五大指导理论[M].叶其孝,刘宣光,译.上海:上海教育出版社,2000.

[3] 克莱因 M.古今数学思想(第四册)[M].邓东皋,张恭庆,译.上海:上海科学技术出版社,2002.

[4] 斯玛特 D R.不动点定理[M].张石生,等,译.重庆:重庆出版社,1982.

[5] 丁同仁.常微分方程定性方法的应用[M].北京:高等教育出版社,2004.

[6] 王则柯,左再思,李志强.经济学拓扑方法[M].北京:北京大学出版社,2002.

[7] 谢惠民,挥自求,易法槐,等.数学分析习题讲义(下册)[M].北京:高等教育出版社,2004.

第四章　简洁之美

【本章导读】

数学思维的灵活、变通和巧妙，语言的准确、凝练，以及表示方法的简洁和符号化都体现了一种数学的简洁美。本章以数学建模之贪心算法为例，借助图形，体会小圆圈中蕴含的大智慧，进而领悟数学的真谛。

贪心算法是求解最优化问题的一种更简单、更有效的方法，在数据处理、机器学习等领域都有着广泛的应用。该算法的特点是从当前出发，依据某一贪心策略，做出在当前看来最优的选择，而不考虑各种可能的整体情况，省去了为寻找整体最优解要耗费的时间。这也是该算法的弊端，即贪心算法着眼当前，并不能对所有问题都得到整体最优解。但人们通过经验，加之理论推导、实例验证，对单源最短路径、最小生成树等问题，已经验证应用贪心算法可以得到整体最优解。

第一节　贪心算法

一、贪心算法的定义[1]

贪心算法（又称贪婪算法）是最优化问题中，在对给定问题求最优解过程中，采取的一种局部选择策略，该策略着眼当前，做出当前最优的选择。

也就是说贪心算法不考虑所得结果的整体最优性，每进行一次迭代，做出当前迭代的最优选择，这就极大可能地导致最终的结果不一定是满足要求的最优解。但很多学者倾心于该算法的眼前利益，速度快，局部最优，对该算法进行了大量研究。通过训练、经验积累，加之理论证明得到，贪心算法对活动选择问题，单源最短路径问题，最小生成树问题等能够产生整体最优解。在信号重构、相位恢复等领域，贪心算法也是行之有效的方法，虽然不能得到问题的整体最优解，其最终结果却是最优解的很好近似[2]。

应用贪心算法解题，需要解决如下两个问题：

一是贪心法适用于求解什么样的问题。

众所周知，背包问题是贪心算法的一个应用实例，再比如对一个面值分别为一分、五分和一角三种币值的货币系统，可以用贪心法求解最小找币数；如果将背包问题换成 0-1 背包问题，或将三种币值改为一分、五分和一角一分时，就不能使用贪心法求解。

所以虽然贪心法解题方便、运算速度快，但适用范围有限，判断一个问题是否适合用贪心法求解，目前还没有一个通用的方法，需要凭个人的经验来判断。

二是如果确定某问题适合用贪心法求解，那么贪心策略该如何选择，才能尽可能大概率地保证得到问题的最优解呢？通常对一个具体问题而言，每一步的贪心选择标准看似正确，人们往往被这种表象所迷惑，但要得到问题的整体最优解，就要判断该问题是否具有贪心选择性质，即必须验证每一步所做的贪心选择能否得到问题的整体最优解，通常使用数学归纳法加以验证。

二、贪心算法的基本要素

应用贪心算法求解必须满足如下两个基本要素[3]：

(1)贪心选择性质。在对问题求解时，如果通过一系列局部最优选择，可以得到问题的整体最优解，我们称该问题具有贪心选择性质。这是贪心算法可行的第一个基本要素。

(2)最优子结构性质。进行一步局部最优选择之后，所求问题即转化为它的子问题,如果该问题的最优解包含其子问题的最优解时,我们称该问题具有最优子结构性质。

由于贪心算法和动态规划算法都具有最优子结构性质,因此在对问题求解时,两种算法极容易混淆,导致问题无法正常求解,下面对两种算法的差异性进行分析。

第二节　贪心算法与动态规划算法的差异

一、两类算法的差异性

首先,动态规划算法适用于求解最优化问题中的多阶段决策问题,它立足整体,全面分析所有可能出现的不同情况,分别进行决策,当前状态决定当前采取的策略,策略执行后,状态随即发生变化,进入新的状态,再就当前状态,从整体出发全面考虑,做出决策。这样不断迭代直到找到最优解。而贪心算法的迭代方式是在每一步做出贪心策略选择后,所求问题被简化为和之前迭代互不重叠的更小的子问题。

其次,两类算法的一个共同点就是适用的问题都要求具有最优子结构性质。但是,是否具有最优子结构性质的问题都能用贪心算法和动态规划算法来求解呢?还是能用动态规划算法求解的问题也必然能用贪心算法求解呢?反之是否成立?为了解决以上问题,我们看下面一个例子。

二、应用实例

下面以经典背包问题为例说明贪心算法与动态规划算法的主要差别,介绍在求解最优化问题时,如何选择合适的策略。

0-1 背包问题:在出差或外出旅游时,需要准备一个背包和若干件物品。假定背包的容量固定,每件物品的重量不等,价值也不一样。那么问如何选择携带的物品,可使装入背包中物品的总价值最大?

问题附加条件:在选择携带的物品时,对每种物品只有装入背包和不装入背包两种选择,不能将物品重复装入背包,也不能将物品拆分,只装入部分的物品。所以我们形象地称此问题为 0-1 背包问题。

背包问题:区别于 0-1 背包问题,我们假设选择装入背包的每件物品都是可以拆分的,即可以装入物品的一部分,不必将此物品完全装入背包。

对于上面两种背包问题,可以很自然地考虑的贪心策略是背包空间单位体积的价值最大化。很明显,对 0-1 背包问题,如果选用贪心策略,由于物品不能拆分,会造成部分背包空间闲置,进而使背包空间单位体积的价值下降。这种情况该如何解决呢?我们可以选用动态规划算法来求解,在每一次选择物品时,分别对选择该物品和不选择该物品两种情况进行考虑,预测每一种选择可能导致的最终结果,在每一次迭代都做出会导致最优结果的选择。这样在每一次的策略选择后,都将出现许多互相重叠的子问题。这是动态规划算法求解问题的重要特征。

这两类问题都具有最优子结构性质,这是选择贪心算法和动态规划算法的前提。然而考虑使每千克背包空间的价值最大化的策略,是仅适用于求解背包问题的贪心策略,对 0-1 背包问题不适用。这是人们首先凭经验给出的结论,后由数学归纳法进行了严格的理论证明。

第三节　贪心算法的应用

贪心策略依赖于以往经验,着眼当前,与全局选择无关,也不影响子问题的解,更不考虑问题的整体解,这就使得贪心算法具有明显的速度优势,也成为人们解决问题的首选方法。本节将以活动选择问题和最小生成树问题为例介绍贪心算法的应用。

一、活动选择问题[1]

【例 1】 活动选择问题:假设有一种公共资源,n 个活动要共同使用,而在同一时间内只有一个活动能使用这一资源,问如何在 n 个活动中选出最大数量的活动子集,使资源能够得到充分利用?

这类问题在生活中比较常见,比如演讲会场,多媒体教室的使用,核酸检测流程安排问题,等等。我们以活动选择问题为例加以考虑:

(1)首先定义什么是相容性活动。

设有 n 个活动,记 $S=\{1,2,\cdots n\}$,对 $1\leqslant i\leqslant n$,s_i 和 f_i 分别表示活动 i 的起始和结束时间。我们假设活动 i 在区间 $[s_i,f_i](s_i<f_i)$ 内使用该资源,即在时间 $[s_i,f_i)$ 内,仅有活动 i 占用该公共资源。对两个活动 i 和 j,如果 $s_i\geqslant f_j$ 或 $s_j\geqslant f_i$,即区间 $[s_i,f_i)$ 与区间 $[s_j,f_j)$ 不相交,我们称活动 i 与活动 j 是相容的。

(2)其次,考虑如何在所给的活动集中选出最大的相容活动子集。

基于活动的相容性条件,挑选策略是多样的,千变万化的。我们采用"短视"的策略,在每一次迭代依据当前需求做出活动选择。

策略 1: 考虑开始时间,将活动集 S 中所有活动按开始时间早的优先排序,即把 $\{s_i\}$ 做递增排序后,从前向后挑选

策略 2: 考虑每个活动占用资源的时间,将活动集 S 中所有活动占用公共资源的时间 $\{f_i-s_i\}$ 做递增排序,从前向后挑选

策略 3: 考虑结束时间,将活动集 S 中所有活动按结束时间早的优先排序,即把 $\{f_i\}$ 做递增排序后,从前向后挑选

(3)再次,应用实例逐一分析以上策略,选出最优方案

①如果选择策略 1,有下面的例子.

反例:$S=\{1,2,3\}s_1=0,f_1=20;s_2=2,f_2=5;s_3=8,f_3=15$。

按照策略 1 做贪婪选择,结合图 4-1,观察发现活动集 **S** 中被选出的最大相容子活动为{1},而 **S** 的最大相容子活动集应为{2,3},显然不是问题的最优解。

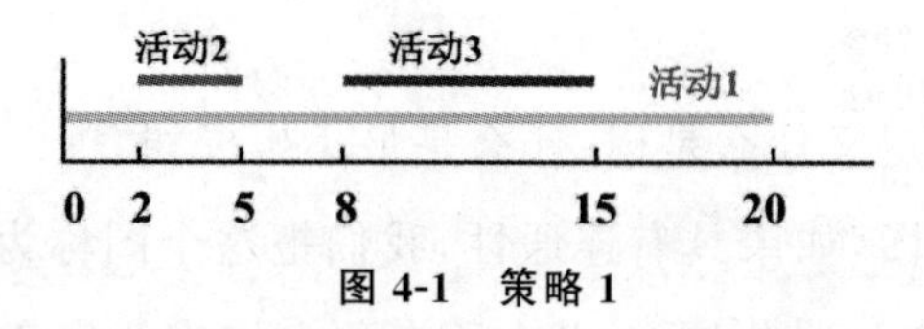

图 4-1 策略 1

②如果选择策略 2,有下面的例子。

反例:$S=\{1,2,3\}$,$s_1=0$,$f_1=8$;$s_2=7$,$f_2=9$;$s_3=8$,$f_3=15$。

如图 4-2,如果按照策略 2 做贪婪选择,在活动集 S 中被选出的最大相容子活动为$\{2\}$,然而此时 S 的最大相容子活动集为$\{1,3\}$,显然不是问题的最优解。

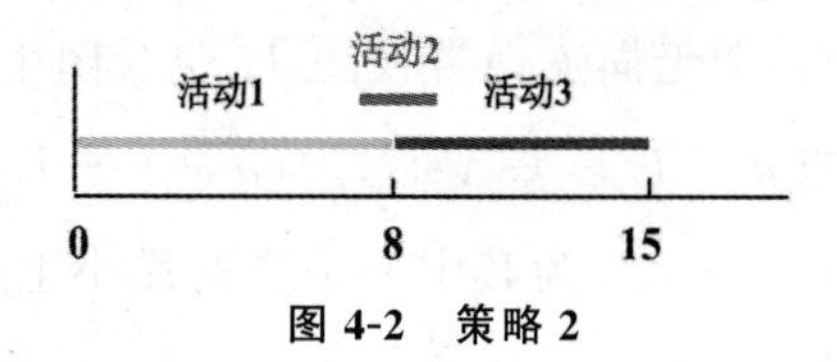

图 4-2 策略 2

③如果选择策略 3,首先将集合 S 中所有活动按照活动完成时间的递增排列,从前往后,基于活动的相容性逐一选择。每一次选择之后都给未安排的活动留下尽可能多的时间,使剩余时间极大化,这样每一次迭代都可以保证尽可能多地安排相容活动。

通过实验证明,贪心算法首先需要 $O(n\lg n)$ 的时间把所有活动按结束时间递增顺序进行排列,然后需要 $O(n)$ 的时间在 n 个活动中挑选出最大相容子活动集。因此该算法的时间复杂度为 $O(n\lg n)+O(n)$,由此可见,贪心算法的效率是极高的。

(4)最后,可以对算法步数或者问题规模应用数学归纳法验证算法的有效性。活动选择问题我们可以选择对问题规模进行数学归纳。

二、最小生成树问题[4]

网络的最小生成树在实际中有广泛应用,我们以耗费问题为例讲解网络的最小生成树算法。

【例 2】 现要在多个城市间铺设通信网络,请你设计出在城市间建立通信网络的最经济的方案。

(1)首先,我们定义什么是树、什么是最小生成树。[4]

不含圈的无向图,如果具有连通性,我们把这个图称为树。设 T 为一个网络,即 T 为无向连通带权图。T 中所有顶点构成的集合记为 V,连接 T 中两个顶点的边构成的集合记为 E。令 $T=(V,E)$。E 中每条边 (a,b) 的权值记为 $c[a][b]$。如果 T' 是一棵树,且包含 T 的所有顶点,则称 T' 为 T 的生成树。生成树上各边权值的总和称为该生成树的耗费,在 T 的所有生成树中,耗费最小的生成树称为 T 的最小生成树。

(2)其次,最小生成树有哪些性质?

设 $T=(V,E)$ 为一个无向连通带权图,U 包含图中部分顶点,即 U 是 V 的真子集。如果当顶点 $u \in U$,$v \in V\text{-}U$,边 $(u,v) \in E$ 的权值 $c[u][v]$ 最小时,一定存在 T 的一棵以 (u,v) 为其中一条边的最小生成树。这个性质称为最小生成树性质,记为 MST。

用贪心策略可以设计出构造最小生成树的有效算法。本节介绍构造最小生成树的 Prim 算法和 Kruskal 算法[5]。

设 $T=(V,E)$ 是一个无向连通带权图,$V=\{1,2,\cdots,n\}$ 为图中的顶点集合。

1.Prim 算法

Prim 算法的要点是选点。即从图中某一个顶点出发,在与之连通的所有顶点中选择边的权重最小的一个顶点,连接两个点,加入生成树之中。简单的步骤如下:

①置 $S=\{1\}$。

②判断 S 是否为 V 的真子集,如果是,做如下贪心选择:任意选取 $i \in S$,$j \in V-S$,使得边 (i,j) 的权值 $c[i][j]$ 为最小,将顶点 j 添加到集合 S 中,使之成为最小生成树的一条边。

③ 重复过程 ②,直到进行到 $S=V$ 或者最小生成树有 $n-1$ 条边为止。

我们以图 4-3 为例,展示 Prim 算法的贪心选择过程。

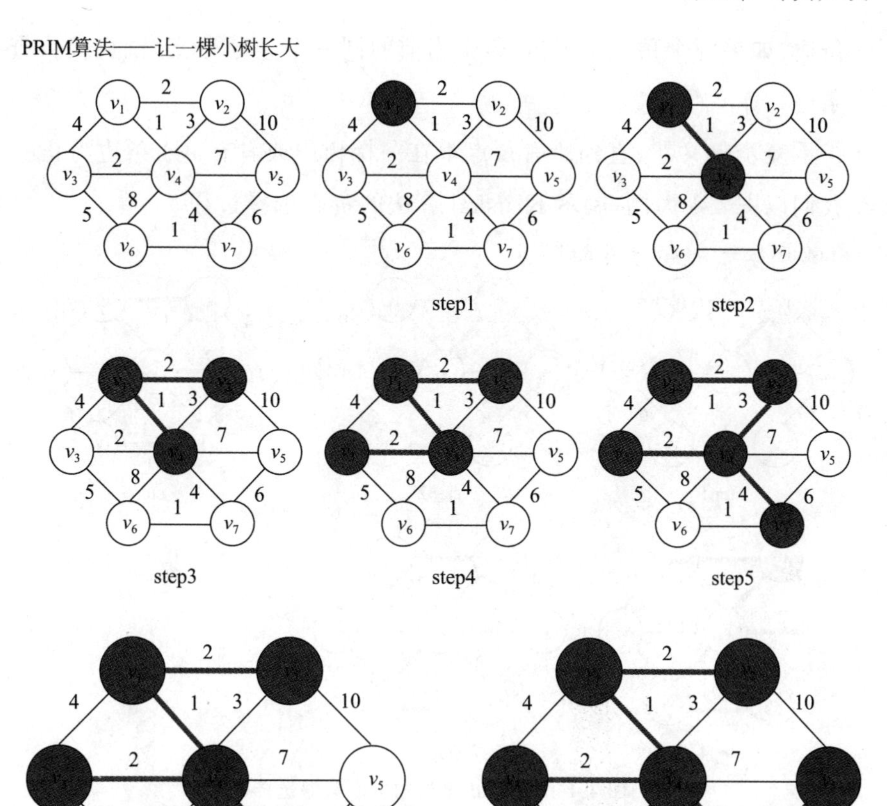

图 4-3　Prim 算法的贪心策略选择

2.Kruskal 算法

Kruskal 算法的要点是选边。即首先将 T 的 n 个顶点看成 n 个孤立的连通分支,将每条边的权重按递增顺序排序,从权重最小的边开始生成森林,依次按照权重递增的顺序查看每条边。简单步骤如下:

①将图中所有边的权重按从小到大排序;

②将图中的每个顶点分别看成独立的树组成的森林;

③首先选择权重最小的一条边,按权重从小到大依次查看每一条边:当查看边(v,w)时,如果两个顶点 v 和 w 分别属于当前两个不同的连通分支,就用边(v,w)将这两个不同的连通分支连接成一个连通分支,然后继续查看

下一条边；如果两个顶点 v 和 w 属于当前的同一个连通分支，就直接再查看下一条边；

④重复步骤又③，直到所有顶点都在一棵树内或者有 n-1 条边为止。

我们以图 4-4 为例，展示 Kruskal 算法的贪心选择过程。

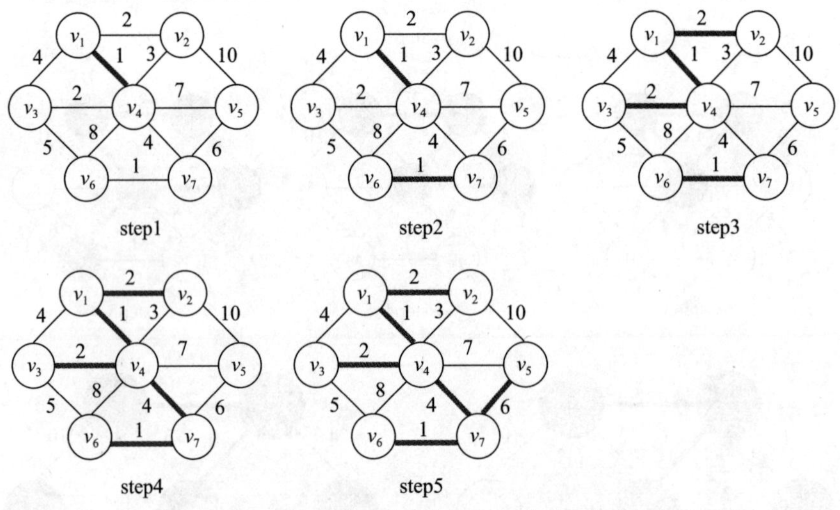

图 4-4 Kruskal 算法的贪心策略选择

在一棵复杂的树结构下，逐一去掉冗余的、负担过重的树枝，利用 Prim 和 Kruskal 算法，得到它的最小生成树，进而找到问题的最优解，剪枝的过程，就是去掉负重的过程，从中体会数学的简洁之美，体会数学的真谛。

有很多经典的应用，比如霍夫曼编码(Huffman coding)[2]、Dijkstra 单源最短路径算法[3]、最小延迟调度[4]、图像重构算法[2]，甚至是一些暴力求解题目，都是使用了贪心策略的这种思维。因此题目涵盖非常广阔，非常适合逐步练习。

第四节　贪心算法的正确性

贪心算法正确性的证明方法：

由于贪心策略的选择主要依赖于人们的经验，着眼当前，做出“短视”选择，无法保证最终是否能产生问题的最优解。因此在使用贪心算法求解问题时，必须在理论上给出贪心算法正确性的验证。数学归纳法，包括第一数学归纳法和第二数学归纳法，是验证贪心算法正确性的有效方法。通常对问题规模和迭代次数进行数学归纳。

下面以活动选择问题为例，证明贪心算法的正确性。

命题：对于包含 n 个活动的活动选择问题，当贪心算法执行到第 k 步，已经选择了 k 项活动，记为 $i_1, i_2, i_3, \cdots, i_k$，则一定存在问题的一个最优解，即一个最大活动子集 A 包含活动 $i_1, i_2, i_3, \cdots, i_k$。

证明：令 $S=\{1,2,\cdots,n\}$ 为待安排的活动集，si 和 fi 分别为活动 i 的开始和结束时间，不妨设 $f_1 \leqslant f_2 \leqslant \cdots \leqslant f_n$。

我们对迭代次数 k 应用数学归纳法，首先证明当 $k=1$ 时，存在包含活动 1 的最优解。不失一般性地，假设 A 的第一个活动为 1，否则如果 A 的第一个活动为 j，$j \neq 1$，那么用 1 替换 A 的活动 j 得到解 B，即 $B=\{A\text{-}\{j\}\} \cup \{1\}$。

因为 $f_1 \leqslant f_j$，所以集合 B 和集合 A 中包含相同的活动数，且 B 中含有活动 1，即 B 也是问题的最优解。

其次对迭代次数 k 做归纳假设，即假设命题对 k 次迭代为真，证明对 $k+1$ 次迭代也成立。当算法执行到第 k 步，假设选择了 k 个活动 $i_1=1, i_2, \cdots, i_k$，根据归纳假设存在包含这 k 个活动的最优解 A，令

$$A=\{i_1, i_2, \cdots, i_k\} \cup B,$$

则 B 中活动选自集合 $C=\{i \mid i \in S, s_i \geqslant f_k\}$。下面证明 B 是 C 的最优解。

(反证法)B若不是C的最优解,则存在C的最优活动子集B^*,使得B^*中包含的活动个数比B多,那么$B^* \cup \{1, i_2, \cdots, i_k\}$即为$S$的一个最优解,且包含的活动个数比$A$多,与$A$的最优性相矛盾。因此$B$是$C$的最优解。将$B$看成活动选择问题的子问题,由上面证明可知,存在$B$的一个包含$B$中第一个活动$i_{k+1}$的最优解$B'$,且$|B'| = |B|$,于是$\{i_1, i_2, \cdots, i_k\} \cup B' = \{1, i_2, \cdots, i_k, i_{k+1}\} \cup \{B' - \{i_{k+1}\}\}$也是原问题的最优解。

根据上述命题:对于任何k,算法前k步的选择都将导致最优解,至多到第n步将得到问题实例的最优解。

本章思考题

(1)在海上运输中,轮船是主要的交通工具,载重量固定。现在需要把货物(集装箱)装上轮船,假设轮船不受装载体积的限制,每件货物重量不等,请你设计一个算法,尽可能多地将货物装上轮船,使轮船最大限度地获得试用。

(2)工程上有一批独立作业,可由 3 台机器完成。每项作业所需处理时间不同。假设作业不能拆分,每台机器可以独立完成任何一项作业,但在完成该项作业前,中途是不允许中断。请你设计一个算法,给出作业全部完成所需最短时间。

(3)有一长方形草坪,现要在横中心线上放置大小不等的圆形喷水装置,每个喷水装置都会润湿大小不均的圆形区域。假设喷水装置充足且能润湿全部草坪。请你设计一个选择策略,要求选择尽量少的喷水装置,把整个草坪的全部润湿。

(4)对下面的无向带权图,应用 Prim 算法和 Kruskal 算法给出图的最小生成树。

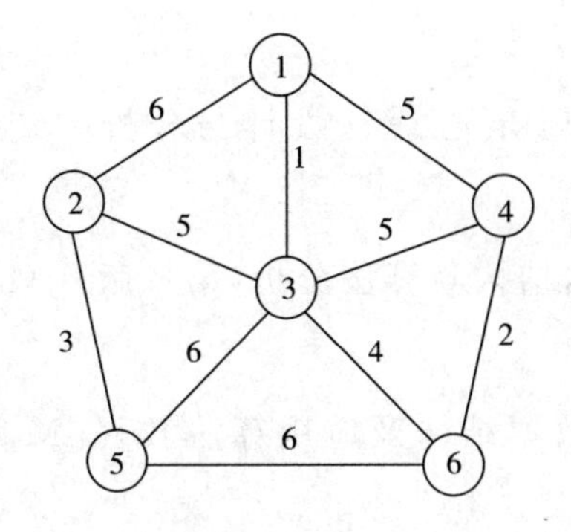

关键词语

贪心算法 greedy algorithm

最优化问题 optimization problem

贪心策略 greedy stratedy

贪心选择性质 greedy-choice property

最优子结构性质 optimal substructure property

最小生成树 minimum spanning trees

网络 net

相容性 compatibility

有向图 digraph

无向图 undirected graph

带权图 weighted graph

连通图 connected graph

参考文献

[1] 屈婉玲，刘田，张立昂，等.《算法设计与分析》[M].北京：清华大学出版社，2016.

[2] Temlyakov V N.Greedy approximation.Cambridge Monographs on Applied and Computational Mathematics. Cambridge University Press,

Cambridge,2011.

[3] 王秋芬,吕聪颖,周春光.算法设计与分析[M].北京:清华大学出版社,2011.

[4] Larry Nyhoff.数据结构与算法分析(第 2 版)[M].北京:清华大学出版社,2006.

[5] 严蔚敏,陈文博.数据结构及应用算法教程[M].北京:清华大学出版社,2001.

第五章　医学图像重建

【本章导读】

通过本课程的学习，能够让信息与计算科学专业本科学生欣赏和体验到医学图像重建的魅力与奇妙之处。学生通过学习医学图像重建的基本原理和实操医学图像重建的软件工具，能够感受和理解医学图像重建的医学之美和支撑整个过程的计算之美，真正认识到计算数学与我们的生活息息相关。同时使学生掌握将二维的CT医学影像数据转化成可视化的三维立体的虚拟人体的过程，从而能够让学生们感受数学的神奇之处。

第一节　带你走进医学图像的世界

一、医学图像发展历史

1.X射线成像技术

1895年，伦琴发现了X射线(X-ray)，这是19世纪医学诊断学最伟大的发现。X射线透视摄影技术用来充当最早出现的医学影像技术，时至今日仍是最常用的医学诊断手段，具备相当的临床诊断价值。X线成像系统检测的信号是穿透组织后的X线强度，反映人体不同组织对X线吸收系数的差别，即组织厚度及密度的差异；图像所显示的是组织、器官和病变部位的形状[3]。

随着计算机的发展，数字成像技术越来越广泛地代替传统的屏片摄影。数字X线检查技术涵盖计算机X线摄影、直接数字X线摄影、数字减影血管造影和X-CT等。X-CT的问世被公认为自伦琴发现X射线以来的重大突破，也是医学影像设备与计算机相结合的里程碑[4]。

2.核医学成像技术

核医学成像系统也称放射性核素成像(RNI)系统，检测到的信号是放射性核素在人体内发出的辐射。图像信号反映放射性核素浓度分布，显示形态信息和功能信息。核医学成像在最本质的角度上看来不同于其他成像。它的图像取决于血流量、细胞功能、细胞数量、代谢活动以及器官或组织的排泄和引流等因素，而不是组织密度的变化。它是功能图像，图像的清晰度主要取决于器官或组织的功能状态。鉴于疾病过程中功能代谢的改变大多数情况下发生在形态学改变之前，因此核医学成像也被认为在早期最为有效，是具有诊断价值的检查方法之一。

放射性核素扫描仪是早期开发的核医学成像仪器。CT(computed tomography)技术出现后，结合放射性核素扫描与CT技术，衍生出发射型计算机体层扫描术(ECT)，基于ECT技术可以实现脏器的形态、功能和代谢的变化动态观察，进行体层显像和立体显像[5]。

PET/CT是一种全新的功能分子影像诊断设备，它将PET和CT的功能结合在一起。通过使用代谢显像剂、乏氧显像剂等药物，PET技术将肿瘤病灶的代谢信息表达出来，通过得到的信息即可快速划分出肿瘤组织和正常组织及病灶周围的非肿瘤病变组织的界限，显示出肿瘤病灶内瘤细胞的分布情况，实现以生物靶区为基础制订的放疗计划。

3.超声成像技术

超声回波是检测信号超声成像的系统，通过图像信号的不同可以体现出人体组织声学特性的不同，甚至动态地显示器官的形态大小。超声成像设备利用了超声波良好的指向性和其反射、折射、衰减规律及多普勒效应等物理特性，采用各种扫查方法，将给定频率的超声波导入体内，此时超声波根据遇到的不同组织或器官界面，发生不同程度的反射和透射，然后接收携带信息的回声，信号经处理，最终转化为波形、曲线或图像，观测结果并结合临床表现即可对疾病做出诊断。

4.磁共振成像技术

生物组织中的原子核所发出的磁共振信号作为磁共振(MRI)成像系统检

测的信号,原子核在外加磁场的作用下接受特定射频脉冲时会发生共振现象,MRI 系统通过接收共振信号并经计算机重建图像,用图像反映人体组织中质子状态的差异,从而显示体层内的组织形态和生理、生化信息,系统通过调整梯度磁场的方向和方式,可直接获得横、冠、矢状断面等不同体位的体层图像[6]。

5.融合影像技术

经过多年的研究和试验,正电子发射计算机断层显像仪 PET 和核磁共振成像术 MR 组合成的具备大型功能代谢与分子影像诊断功能的 PET/MR 设备面世,该设备兼顾了两种技术的优势,同时具有 PET 和 MR 的检查功能。

目前这项医学影像技术在国际上被广泛应用于健康人士的高端健检。为什么能用于高端健检呢?因为 PET/MR 相比于 PET/CT 来说,没有电离辐射,一次检查便可发现全身是否存在危险的微小病灶。早期诊断不仅能让患者得到早期治疗还为彻底治愈疾病创造了可能。

二、医学图像 DICOM 格式

20 世纪 70 年代,在临床上以 CT 为代表的数字成像诊断设备有着较为广泛的应用,在 1983 年,美国放射学院(ACR)和国家电气制造协会(NEMA)成立了一个联合委员会,为达成以下目的制定了相应条例:

(1)建立不同制造商的设备间数字图像的信息通信标准;

(2)为使它可以与其他医院信息系统进行交互,以加速和扩展图片归档及通信系统(PACS)为途径;

(3)不同地理位置的诊断设备允许创建统一的诊断信息数据库。

1985 年 ACR-NEMA 联合委员会发布了最初的 1.0 版本(ACR-NEMA Standards Publications No.300-1985),又于 1986 年 10 月和 1988 年 1 月发布了校订 No.1 和校订 No.2,1988 年推出了 2.0 版本(ACR-NEMA Standards Publications NO.300-1988),到 1993 年发布的 DICOM 标准 3.0,已成为医学影像信息学领域中的国际通用标准[7]。

DICOM(digital imaging and communications in medicine)是一种管理、运输数据和影像资料的通用协议,同时也是国际上通用的 CT、MR、PETCT

等标准的电子影像信息格式，像 PDF、TXT、JPG 等。DICOM 在不同的医院环境中都是重要的组成部分，主要用于导出、储存、分享、展示、传输、咨询、检索、打印影像资料等。

1.DICOM 的重要性

在医院做完 CT、MR 等检查后拿到的胶片就是由医生从 DICOM 格式影像资料中抽取一部分，打印后制成的。在原始的 DICOM 格式中储存着很多的影像图片，例如进行一次 CT 检查，根据不同角度或位置，图像被分类到了不同的序列中能产生 900 多张 DICOM 格式影像资料，通过操控鼠标，医生能清楚地看到影像中病灶的大小、位置、形态，与周围重要器官、血管、神经的关系等重要信息，从而对疾病和治疗方式做出判断。

DCIOM 中影像多、信息全，这两大特点能够减少异常未发现、有问题部分未抽取等误诊、漏诊情况的发生。因此，给其他医生进行二次诊断时提供原始的 DICOM 影像资料尤为重要。

2.DICOM 的获取途径

(1)主治医师、影像科医师或其他导诊台等：通常医院会直接在影像科室保存电子资料；

(2)信息科人员：部分医院设有完备的信息科，用来管理全院的电子资料；

(3)医院的行政管理人员等：通常医院会提供储存有 DICOM 格式资料的磁盘或者需要患者使用 U 盘进行拷贝。

第二节　CT 的奇妙工作原理

一、CT 技术之美

CT 的基本原理，是通过使用高精度并且准直的 X 线束、γ 射线、超声检测技术等，和敏感度极高的探针一起围绕身体的某个部位做一个接着一个的全断面扫描，具有扫描时间快、图像清晰等优点，因此可以进行各种病变的检测。按照其所使用的射线不同，可分成 X 射线 CT(X-CT)以及 γ 射线 CT(γ-CT)等。

CT 是利用 X 射线束对人机体某部位特定厚度的层面进行扫描，由传感器接受并穿透过这些层次的 X 光线，在转换为可见光后，经光电转换为电信号，再通过模拟/数码转换器(analog/digital converter)转变成数码，再送入电脑处理。图像形成的过程中把选定层面细分为若干个尺寸大小相等的长方体，称为体素。

通过计算扫描记录下来的信息，可以得到各个体素对应的 X 射线衰减系数或者吸收系数，再排列成阵，称数字矩阵，数字矩阵一般存储在录像带或光碟上[8]。经数字/模拟转换器(digital/analog converter)将数字矩阵上的各个符号变成从黑到白不等灰度的小方块，即图像，再按照矩阵顺序，即形成了 CT 图像。所以，CT 成像就是重建影像，而每个体素的 X 射线吸收系数，可使用不同的数学方法计算出。

CT 的主要作用程序如下所述：首先它会按照人体内各个组织对 X 线的吸收和穿透性的差异，使用精度很好的传感器对身体进行检测，随后再把检测所得到的结果送入计算机，由电子计算机对其加以处理后，便可摄出人体所检测区域的断面以及立体的影像，从而看到人体其他区域的微小病变。

二、CT 三维重建之美

图 5-1、图 5-2 和图 5-3 所示分别为脑部有血肿患者的冠状位、矢状位、轴位 CT 影像，图 5-7 和图 5-8 为 3D 视窗中可以清晰的看出患者的脑中白色的区域就是患者脑中的血肿，图 5-4、图 5-5 和图 5-6 所示为 CT 图像中的颅脑部分被完整的遮罩，将遮罩后的图像进行面部建模得到图 5-9、图 5-10、图 5-11和图 5-12。

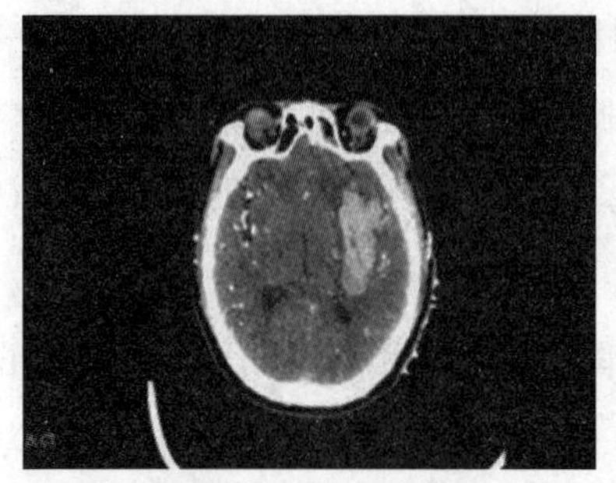

图 5-1　CT 轴位图像

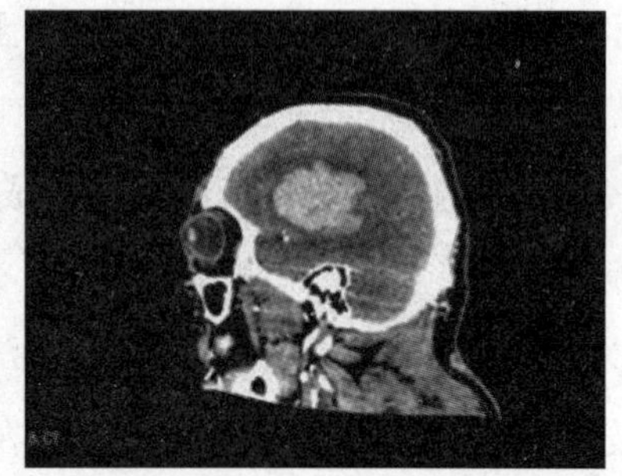

图 5-2　CT 矢位图像

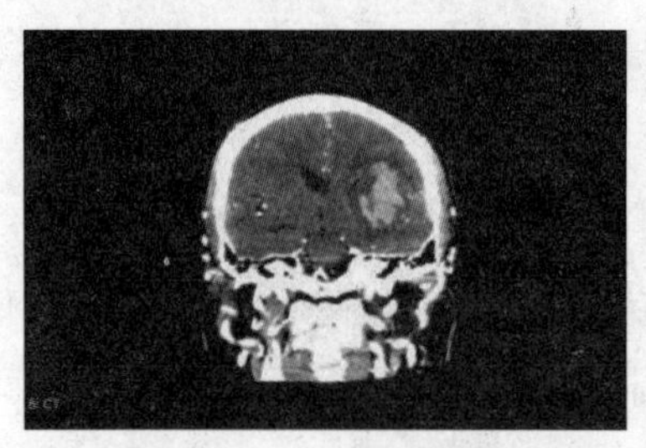

图 5-3　CT 冠状位图像

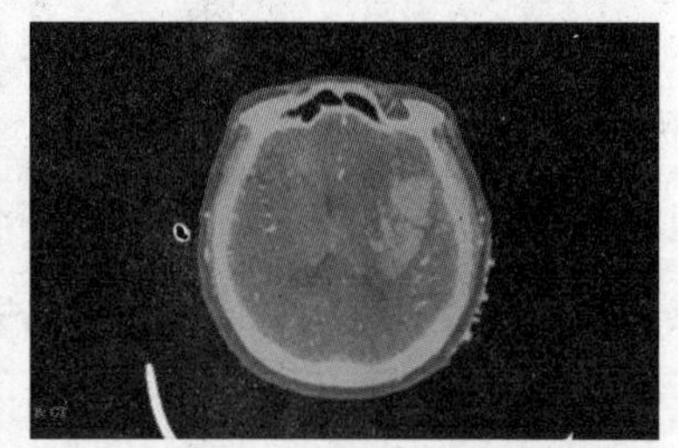

图 5-4　CT 轴位阈值图像

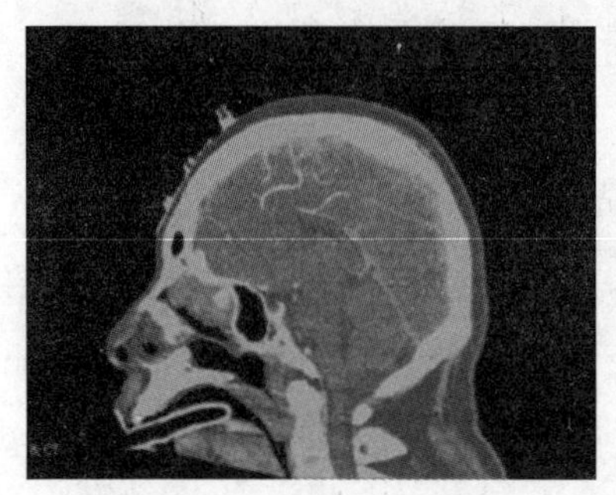

图 5-5　CT 矢位阈值图像

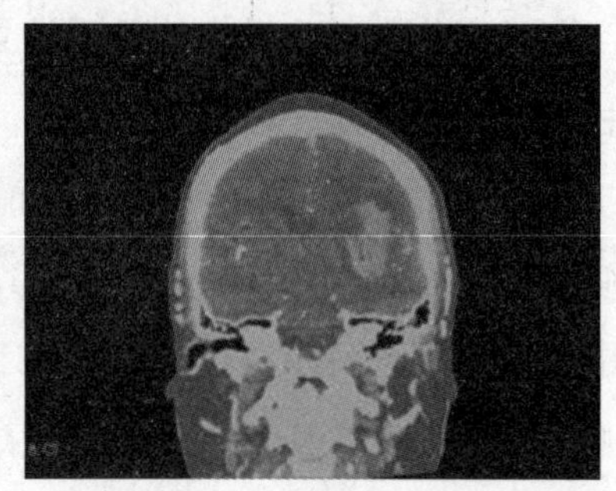

图 5-6　CT 冠状位阈值图像

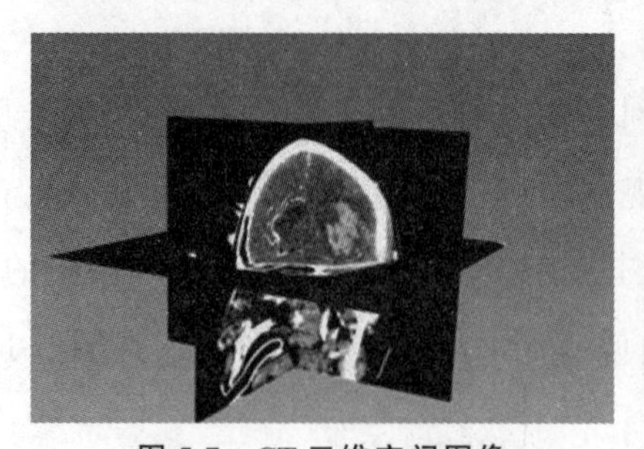

图 5-7　CT 三维空间图像

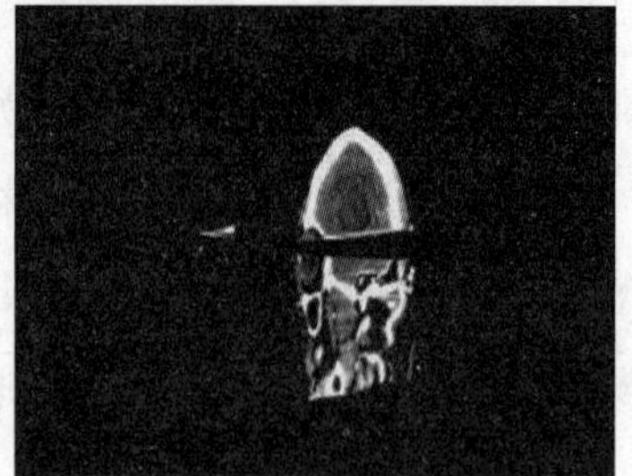

图 5-8　血肿三维图像

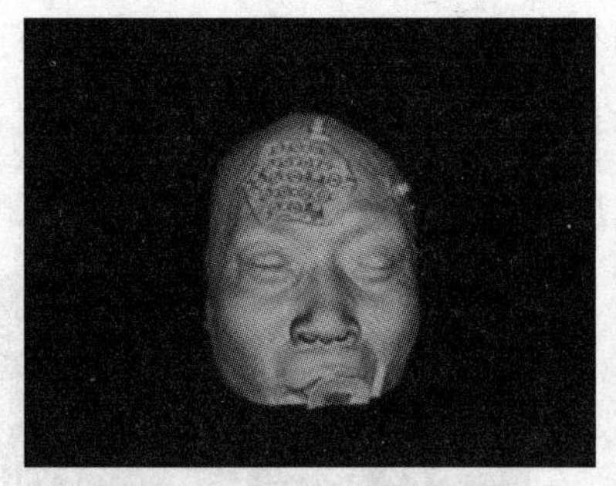
图 5-9　面部三维重建图像

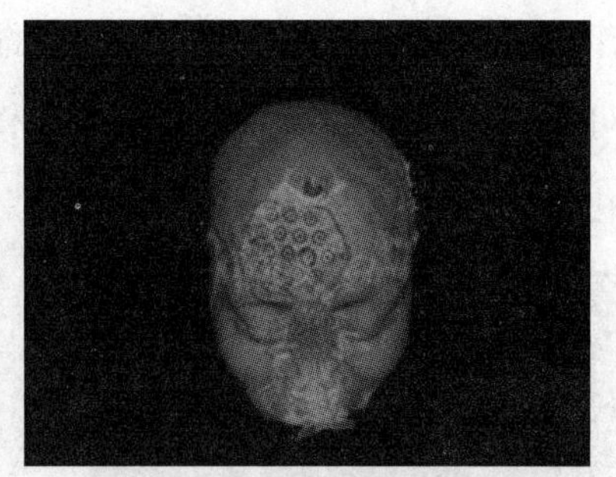
图 5-10　三维重建图像 1

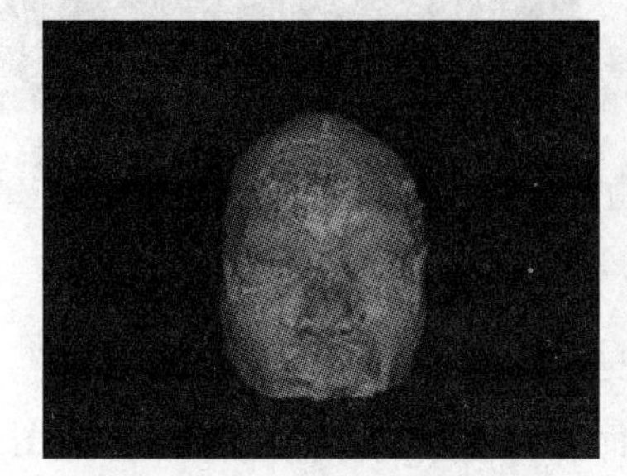
图 5-11　三维重建图像 2

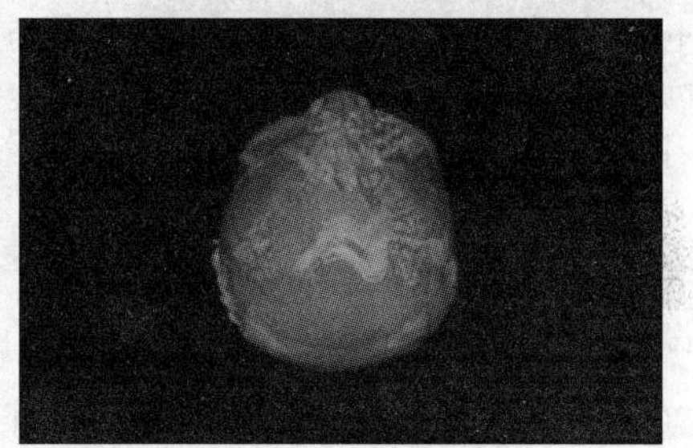
图 5-12　三维重建图像 3

第三节　医学图像配准是什么

一、医学图像配准介绍

医学图像配准已经成为医学图像研究领域的热门专题之一。医学图像配准是指对于一幅医学图像寻求一种(或一系列)空间变换,使它与另一幅医学图像上的对应点达到空间上的一致,这种一致性是指人体上同一解剖点在两张待配准图像上都有相同的空间位置,图像配准的结果应使两幅图像上的所有的解剖点,或者至少是所有具有诊断意义的特征点及手术感兴趣的特征点都达到匹配,其中,做空间变换的图像叫作待配准图像,又叫浮动图像,不做变换的图像叫作固定图像,也叫参考图像。医学图像配准具有很重要的临床应用价值，对各种使用不同或相同的成像手段所获取的医学图像进行配准不仅可以用于医疗诊断，还可用于手术计划的制订、放射治疗计划的制订、病理变化的跟踪、治疗效果的评价和病灶的检测等各个方面[9]。

图 5-13　配准前三维重建图像

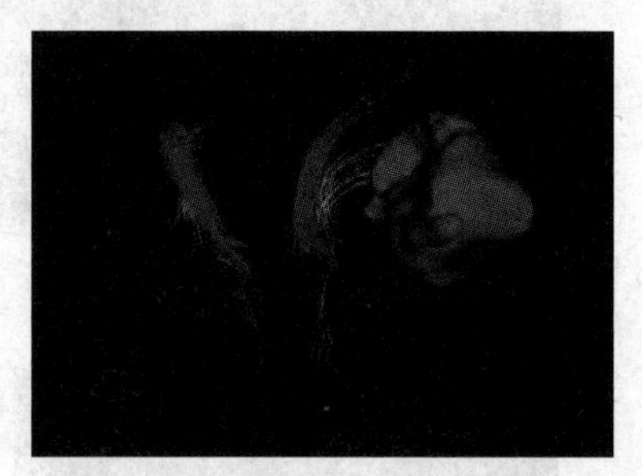

图 5-14　配准后三维重建图像

医学图像配准从提出至今，一直是医学图像处理领域的研究热点。医学成像设备的升级换代使得医生能够获得的图像越来越多，计算机图像处理技术的飞速发展促使相关研究人员思考如何才能更加有效地利用这些图像信息，医学图像配准的研究也得以逐渐深入。医学图像的配准分为刚性和非刚性配准，刚性配准具有较少的变换参数，只需由图像的平移和旋转量即可描述一个变换。人体器官的柔韧性使所获得的医学图像十分复杂，仅通过刚性配准无法满足医学应用的需要，因此需要使用更精确的非刚性配准[9]。

二、医学图像配准方法

已有的非刚性配准算法分为三类：基于特征、基于物理变形模型以及基于基函数的非刚性配准算法。

基于基函数的非刚性配准算法，通常是通过函数插值与拟合理论模拟图像的变形场实现的。一般情况下，基函数的本质为多项式形式，具有很强的整体性，但是局部修改能力较弱。作为一种分段连续或分片连续的多项式，B 样条基函数的形式简单、便于计算，而且具有局部调整的性质，能够处理一般基函数难以拟合的局部形变问题。基于自由形变模型（free form deformation，FFD）的非刚性配准算法是一种由 B 样条基函数实现插值的变形场，该算法将图像嵌入可自由形变的空间，图像可随空间的形变使自身产生形变。

FFD 算法的控制点 $\varphi_{i,j,k}$ 满足均匀分布，使用三次 B 样条形式的张量积来表示三维变形场 $u(x,y,z)$：

$$g(u,v,w)=\sum_{l=0}^{3}\sum_{m=0}^{3}\sum_{n=0}^{3}\beta_l(u)\beta_m(v)\beta_n(w)\varphi_{l+i,m+j,n+k}$$

其中，有

$$\begin{cases} i=\left\lfloor \dfrac{x}{\delta} \right\rfloor-1, j=\left\lfloor \dfrac{y}{\delta} \right\rfloor-1, k=\left\lfloor \dfrac{z}{\delta} \right\rfloor-1 \\ u=\dfrac{x}{\delta}-\left\lfloor \dfrac{x}{\delta} \right\rfloor, v=\dfrac{y}{\delta}-\left\lfloor \dfrac{y}{\delta} \right\rfloor, w=\dfrac{z}{\delta}-\left\lfloor \dfrac{z}{\delta} \right\rfloor \end{cases},$$

其中，x 代表图像 X 方向坐标，y 代表图像 Y 方向坐标，z 代表图像 Z 方向坐标，δ 代表 B 样条网格节点距离，$\phi_{l+i,m+j,n+k}$ 代表 B 样条网格某个节点的坐标，i、j、k、u、v、w 为 B 样条变换的参数坐标。β_l、β_m 和 β_n 表示 B 样条基函数。学者 Kybic 采用三次 B 样条对 MRI、SPECT 和 CT 图像进行配准，产生了较好的配准效果。

图 5-15　参考图像(左)及其浮动图像(右)

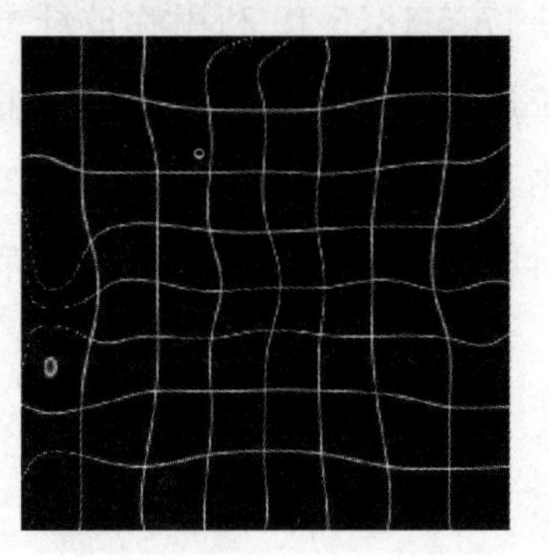

图 5-16　配准图像(左)及其变形网格(右)

第四节　医学图像开源软件

一、3D Slicer 建模软件介绍

3D Slicer 是一款可用于多种操作系统如 Linux，MacOSX 和 Windows 的免费开源软件。该软件通过对医学影像进行分析和可视化处理来引导治疗研究，具有插件可扩展，算法和应用模块可添加的特点，同时也可以支持诸如 MRI、CT、US、PET、超声和核医学等，以进行多模态成像。在医疗中主要应用于术前对病灶进行建模、3D 打印，通过多模态融合进行手术规划制订、手术预演，以及术后与家属交代病情等。DICOM 是 3D Slicer 能够应用的最基本的数据格式，包含参数有患者姓名、医院、检查日期、扫描方式、层厚等，通常 CT 和 MRI 扫描都会生成 DICOM 格式。取得这些数据最简洁的方式是通过 PACS 系统，或者到影像科拷贝数据。

3D Slicer 也可以处理如 nii、nii.gz、nrrd、img、jpg、tiff 以及 png 格式，但需要图像的比例尺和层厚数据，且处理效果远不及 DICOM。

二、3D Slicer 三维重建之美

图 5-17、5-18、5-19 利用弥散纤维束成像技术对大脑的纤维束轴、冠状、矢状三位进行显示并对其三维重建如图 5-20、图 5-21 和图 5-22 所示，从图中可以清晰地观察到血肿纤维束的相对位置关系，将 CT 和 MRI 三维重建的图像进行医学图像融合得到图 5-23 和图 5-24。

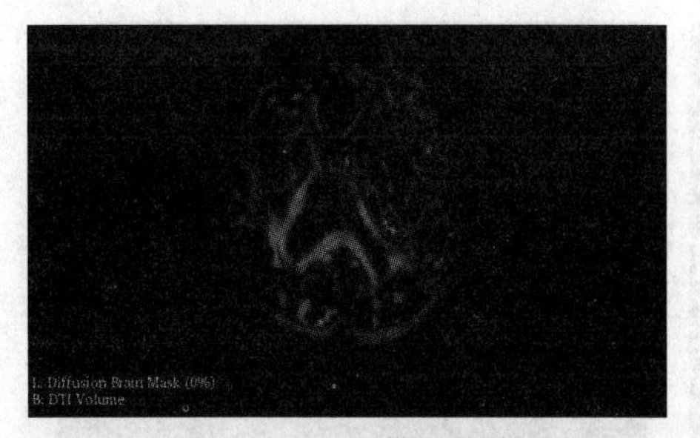

图 5-17　DTI 轴位图像

图 5-18　DTI 矢位图像

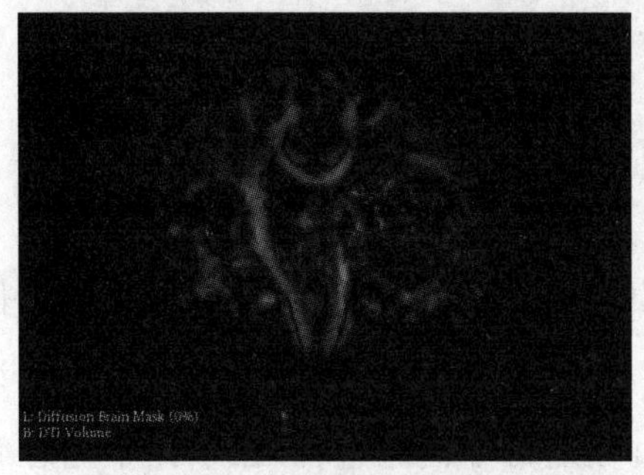

图 5-19　DTI 冠状位图像

图 5-20　神经束血肿融合三维图像

图 5-21　皮质脊髓束三维图像

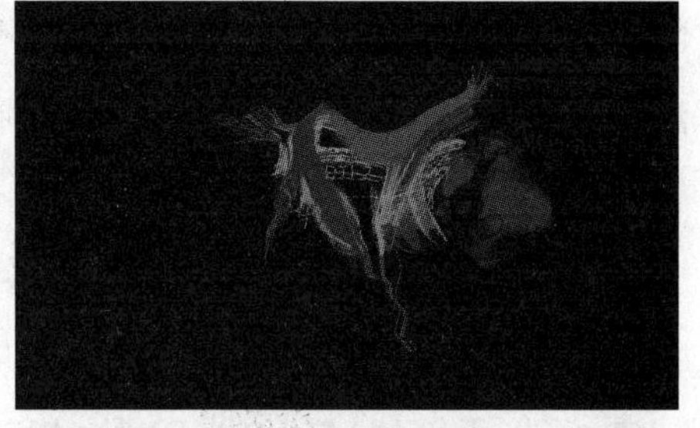

图 5-22　皮质脊髓束血肿融合三维图像

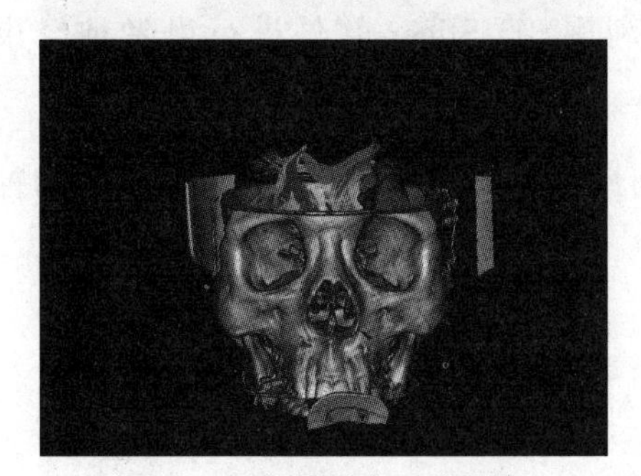

图 5-23　颅骨融合三维图像

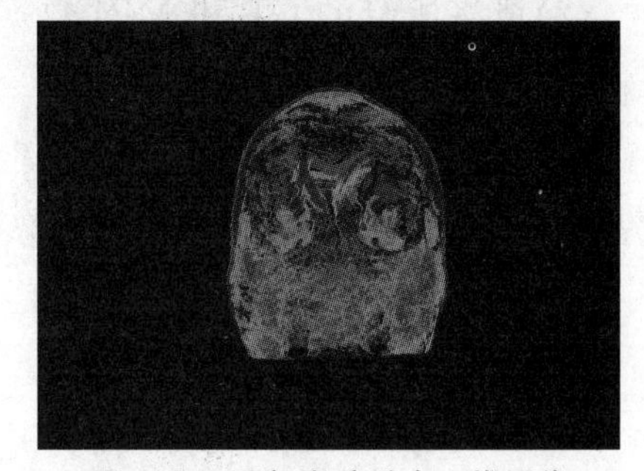

图 5-24　面部脂肪融合三维图像

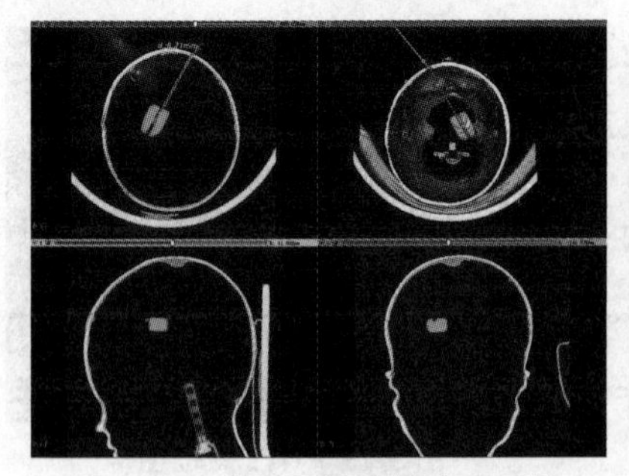

图 5-25 神经导航系统演示图像

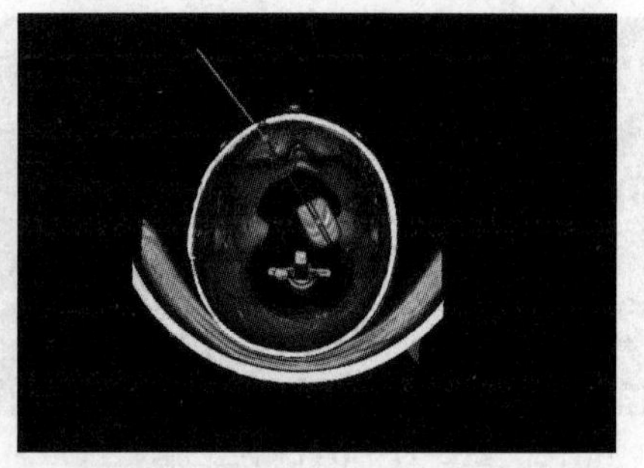

图 5-26 神经导航系统模拟手术三维图像

学习小结

本章介绍了医学图像重建的基本原理和算法，描述了医学图像重建软件的使用方法，展示了计算技术在医学图像领域的应用案例，能让学生感受计算数学的强大。主要对整个三维重建过程进行了概述，核心在于让学生理解医学图像处理多学科融合特点、医学图像重建技术和医学影像原理，了解交叉学科问题涉及的各个学科的背景知识，分析三维重建过程中所需要的数学算法知识，能够了解医学角度上的病灶在影像上的特征。

本章思考题

(1)请将所给的 CT 和 MRI 数据利用 3D Slicer 软件进行患者血肿建模。

(2)请将所给的 CT 和 MRI 数据利用 3D Slicer 软件进行患者神经束建模。

(3)请将所给的 CT 和 MRI 数据利用 3D Slicer 软件进行患者血肿和神经束融合。

关键词语

X 射线 X-ray

放射性核素成像 RNI

CT computed tomography

发射型计算机体层扫描术 ECT

磁共振 MRI

美国放射学院 ACR

国家电气制造协会 NEMA

图片归档及通信系统 PACS

DICOM digital imaging and communications in medicine

X 射线 CT X-CT

γ 射线 CT γ-CT

模拟/数字转换器 analog/digital converter

数字/模拟转换器 cigital/analog converter

自由形变模型 free form deformation

参考文献

[1] 曾更生.医学图像重建[M].北京：高等教育出版社，2010.

[2] 陈家新.医学图像处理及三维重建技术研究[M].北京：科学出版社，2010.

[3] 吴晓唯.基于动态增强核磁共振时间序列肾脏图像的动态轮廓分割[D].上海：上海交通大学，2011.

[4] 张俊华.医学图像三维重建和可视化：VC++实现实例[M].北京：科学出版社，2014.

[5] 衣文文.医学图像配准与三维可视化研究[D].济南：山东大学，2008.

[6] 李乔.光谱 OCT 内窥镜成像系统的研究[D].天津：天津大学，2010.

[7] 西霞.基于PACS系统的医学影像压缩算法的研究[D].绵阳:西南科技大学,2016.

[8] 历成龙.面向快速成型的骨骼SCT图像三维重建技术的研究[D].西安:陕西科技大学,2008.

[9] 雷霓.基于B样条的医学图像非刚性配准[D].武汉:华中科技大学.

第六章　博弈之美

【本章导读】

博弈是一种智慧的较量,互为攻守却又相互制约。有人的地方就有竞争,有竞争的地方就有博弈。人生充满博弈,若想在现代社会做一个强者,就必须懂得博弈的运用。本章用轻松活泼的语言对博弈论的基本原理进行了深入浅出的探讨,详细介绍了囚徒困境、智猪博弈、赌胜博弈、警察与小偷博弈、海盗分金博弈等博弈模型的内涵、适用范围、作用形式,将原本深奥的博弈论通俗化、简单化。同时对博弈论在经济、管理、政治及人们日常的工作和生活中的应用做了简单介绍。通过本章,读者可以了解博弈论的来龙去脉,开阔眼界,了解博弈论的原理和规则,面对实际问题时可以做出理性选择,避免盲目行动,进而在今后人生的博弈大棋局中占据优势,获得事业的成功和人生的幸福。

第一节　什么是博弈论?

人们常说世事如棋,每一场博弈就像一个棋局,总是包含着变化与不变。若把世界看作一个大棋盘,每个人都是下这盘棋的人,人的每一个行为都是在棋盘中布下一颗棋子。在棋局中,棋手们会尽可能保持理性,精明慎重地走好每一步。棋手之间会相互揣摩,相互牵制,为了赢得最后的胜利,他们会不断变化棋势,下出精彩纷呈的棋局。从这个意义上看博弈论,它正是研究棋手们出棋招数的一门科学。每一次出棋都是一个理性化和逻辑化的过程，若再把这个过程加以系统化，就变成了博弈论。在错综复杂的相互影响之中，棋手们如何才能找出最合理的策略，正是博弈论研究的内容。

毫无疑问，博弈论衍生于下棋、打牌这些古老的游戏。数学家和经济学家们将这些游戏中的问题抽象化，同时建立起完善的逻辑框架，在一定的研究体系中探索其规律和变化。对博弈论的探索不是一件容易的事情，即使最简单的二人博弈也大有玄妙：若在一场棋局中，棋手都是最理性的棋手，他们可以准确地记住对手和自己的每一步棋，那么一方在下棋时，为了能战胜对手，他就会仔细考虑另一方的想法，同样另一方在出子时也会如此考虑。同时，一方还可能考虑另一方在想他的想法，另一方也可能知道对手想到了他的想法，如此往复，问题会变得越来越复杂。

失火了，你往哪个门跑——这就是博弈论！

一天晚上，你参加一个派对，屋里有很多人，你玩得很开心。这时候，屋里突然失火，火势很大，无法扑灭。此时你想逃生。你的面前有两个门，左门和右门，你必须在它们之间选择。但问题是，其他人也要争抢这两个门出逃。如果你选择的门是很多人选择的，那么你将因人多拥挤、冲不出去而烧死；相反，如果你选择的是较少人选择的，那么你将逃生。这里我们不考虑道德因素，你将如何选择？

你的选择必须考虑其他人的选择，而其他人的选择也考虑你的选择。你的结果——博弈论称之为支付，不仅取决于你的行动选择——博弈论称之为策略选择，同时取决于他人的策略选择。你和这群人构成一个博弈(game)。上述博弈是一个叫张翼成的中国人在1997年提出的一个博弈论模型，被称为少数者博弈或少数派博弈(minority game)。

博弈论是一门形式理论，它所研究的是理性局中人的相互作用。作为一个成熟的理论，其所具备的理论性质并不比其他学科弱。同样，在实际应用方面，它也不比许多学科逊色。它不仅在数学领域占有重要的地位，还应用于经济学、社会学、政治学等多门社会科学。

严格来说，博弈论是这样一个过程：它是个人或团体在一定规则约束下，依据各自掌握的关于别人选择的行为或策略,决定自身选择的行为或策略的收益过程。既然是一个计算收益的过程,定然与经济学紧密相关,它在经济学上就是一个十分重要的理论概念。博弈论的相关概念如图 6-1 所示。

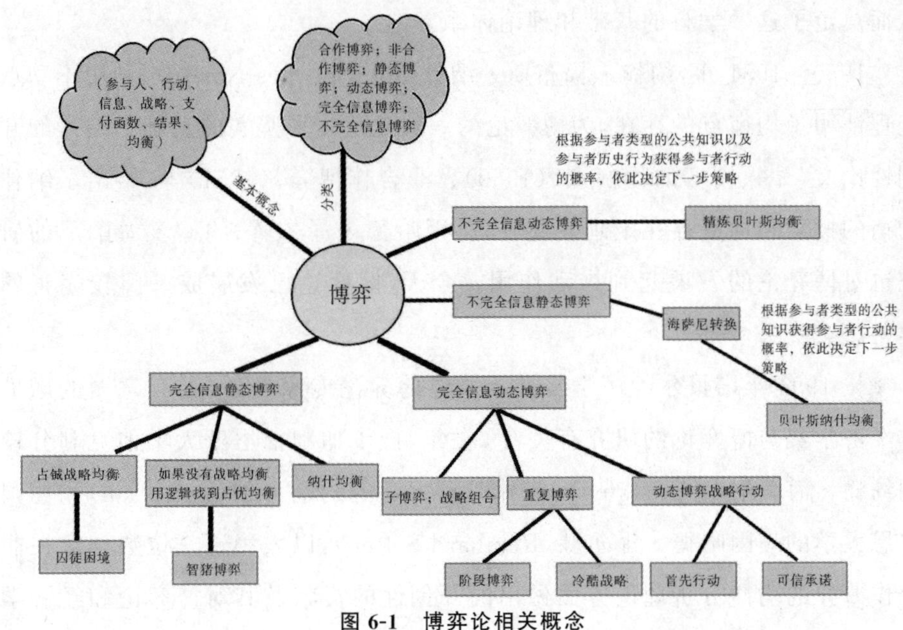

图 6-1　博弈论相关概念

第二节　博弈论的“前生今世”

博弈论思想古已有之,我国古代的《孙子兵法》就不仅是一部军事著作,还算是最早的一部博弈论专著。博弈论最初主要研究象棋、桥牌、赌博中的胜负问题,人们对博弈局势的把握只停留在经验上,没有向理论化发展,正式发展成一门学科则是在 20 世纪初。

博弈论考虑游戏中的个体的预测行为和实际行为,并研究它们的优化策略。近代对于博弈论的研究,开始于策梅洛(Zermelo),波莱尔(Borel)及冯·诺依曼(von Neumann)。

1928 年,冯·诺依曼证明了博弈论的基本原理,从而宣告了博弈论的正式诞生。1944 年,冯·诺依曼和摩根斯坦共著的划时代巨著《博弈论与经济行为》将二人博弈推广到 n 人博弈结构,并将博弈论系统地应用于经济领域,从而奠定了这一学科的基础和理论体系。

1950—1951 年,约翰·福布斯·纳什(John Forbes Nash Jr)利用不动点定理证明了均衡点的存在,为博弈论的一般化奠定了坚实的基础。纳什的开创性论文《n 人博弈的均衡点》(1950)、《非合作博弈》(1951)等,给出了纳什均衡的概念和均衡存在定理。此外,莱因哈德·泽尔腾、约翰·海萨尼的研究也对博弈论的发展起到推动作用。今天,博弈论已发展成一门较完善的学科。

从 1994 年诺贝尔经济学奖授予 3 位博弈论专家开始,共有 7 届的诺贝尔经济学奖与博弈论的研究有关:1994 年,授予加利福尼亚大学伯克利分校的约翰·海萨尼(J.Harsanyi)、普林斯顿大学的约翰·纳什(J.Nash)和德国波恩大学的赖因哈德·泽尔滕(Reinhard Selten),以表彰这三位数学家在非合作博弈的均衡分析理论方面做出的开创性的贡献及其对博弈论和经济学产生的重大影响。

1996 年,授予英国剑桥大学的詹姆斯·莫里斯(James A.Mirrlees)与美国哥伦比亚大学的威廉·维克瑞(William Vickrey),前者在信息经济学理论领域做出了重大贡献,尤其是不对称信息条件下的经济激励理论,后者在信息经济学、激励理论、博弈论等方面都做出了重大贡献。

2001 年,授予加利福尼亚大学伯克利分校的乔治·阿克尔洛夫(George A.Akerlof)、美国斯坦福大学的迈克尔·斯宾塞(A.Michael Spence)和美国哥伦比亚大学的约瑟夫·斯蒂格利茨(Joseph E.Stiglitz),他们的研究为不对称信息市场的一般理论奠定了基石,他们的理论迅速得到了应用,从传统的农业市场到现代的金融市场,他们的贡献来自现代信息经济学的核心部分。

2005 年,授予美国马里兰大学的托马斯·克罗姆比·谢林(Thomas Crombie Schelling)和耶路撒冷希伯来大学的罗伯特·约翰·奥曼(Robert John Aumann),二者的研究通过博弈论分析促进了对冲突与合作的理解。

2007年，授予美国明尼苏达大学的里奥尼德·赫维茨（Leonid Hurwicz）、美国普林斯顿大学的埃里克·马斯金（Eric S.Maskin）以及美国芝加哥大学的罗杰·迈尔森（Roger B.Myerson），三者的研究为机制设计理论奠定了基础。

2012年，授予美国经济学家埃尔文·罗斯（Alvin E.Roth）与罗伊德·沙普利（Lloyd S.Shapley），他们创建了"稳定分配"的理论，并进行"市场设计"的实践。

2014年，授予法国经济学家梯若尔，他在产业组织理论以及串谋问题上，采用了博弈论的思想，让理论和问题得以解决，在规制理论上也有创新。

作为一门工具学科，博弈论能够在经济学中如此广泛地运用并得到学界垂青实为罕见。

第三节　博弈论的四要素

博弈论的基础是建立在众多现实博弈案例之上的。博弈需要具备一定的要素，主要有五个方面：局中人、策略、得失、次序、均衡。

局中人是博弈的参与者，每个参与者都能对自身策略进行决策，但不能改变别人的决策。若博弈中的局中人只有两个，这种博弈便称为两人博弈，若博弈中的局中人超过两个，则这种博弈便是多人博弈。

策略是博弈过程中局中人做出的切实可行的行动方案，局中人的一个策略不是指他所采取的某一阶段的行动方案，而是指他在整个博弈过程中从始至终所采用的一个行动方案。根据可能采取的策略的有限性或无限性，博弈可被分为有限博弈和无限博弈。在有限博弈中，局中人的策略是有限的；在无限博弈中，局中人的策略则是无限的。

每场博弈中，局中人最后的结果有得有失，每局博弈的结果便被称为得失。局中人博弈的得失与两个因素相关，一是其自身所选定的策略，二是其他局中人所选定的策略。每个局中人在博弈结束时的得失可根据所有局中人选定的一组策略函数来判定,人们把这个函数称为支付函数。

局中人的决策总是有先有后的,同时,每个局中人都可能要做多个决策选择,这些选择也是有先后顺序的,博弈的次序能决定博弈的结果。在其他要素相同的情况下,若局中人决策和选择的次序不同,博弈也会不同。

每场博弈都会涉及均衡问题。所谓均衡,即指平衡,或者说相关量处于一个稳定值。这是经济学中的常用术语。例如,若一家商场的商品能够处于一个均衡值,人们想买就能买到这种商品,想卖就能卖出这种商品,那么这个商品的价格就是这里的均衡值。有了这个价格做保障,商品的供求就能达到均衡状态。纳什均衡就是这样的一个稳定的博弈结果。

第四节　博弈论的分类

博弈论是以数学为研究工具的理论方法。博弈论研究的第一步是透过现象看本质,即从复杂的现象中抽出本质元素,利用这些元素构建合适的数学模型,再利用这一模型对引入的、影响博弈形势的其他因素进行分析并得出结论,这与用数学研究社会经济的其他学科的研究方法如出一辙。

根据不同的标准,博弈可以分为多种类型。

若根据博弈中的参与者是否达成一个具有约束力的协议来划分,博弈可被分成合作博弈和非合作协议。具体来说,就是当相互作用的局中人就博弈过程制定了一个具有约束力的协议时,这个博弈就是合作博弈,如果局中人之间没有制定这项协议,那么该博弈就是非合作博弈。

若根据局中人行为的时间序列性来划分,博弈也可分为两类,即静态博弈和动态博弈。所谓静态博弈,指的是局中人同时选择所要采取何种行动的博弈,或者在博弈过程中,后做出选择的人不清楚先选择的人的策略而做出行动的博弈。所谓动态博弈,指的是局中人的行动有先后顺序,且后做出选择的人知道先做出选择之人的行动。在著名的囚徒困境中,局中人的选择是同时进行的,或在相互不知道的情况下进行的,属于典型的静态博弈。在我们常玩的棋牌类游戏中,后行者总是知道先行者选择的行动,属于动态博弈。

若根据局中人对彼此的了解程度来划分,博弈同样能分为两类:一类是完全信息博弈,在这类博弈中,每位参与者都能准确地知道所有其他参与者的信息,包括个人特行、收益函数、策略空间等;另一类是不完全信息博弈,在这类博弈中,每位参与者对其他参与者的信息不够了解,或者无法对其他每一位参与者的信息都有准确了解。

此外,根据局中人的策略是有限的还是无限的,或者根据博弈进行的次数是有限次还是无限次,又或者根据博弈持续的时间是有限时间还是无限时间,博弈又可被分为有限博弈和无限博弈。若根据博弈的表现形式来划分,博弈还可被分为战略型博弈和展开型博弈。

第五节　博弈论的意义

博弈论的现实意义是广泛而深刻的,从一些现实中的例子就能看出。

(1)智猪博弈:猪圈里有两只猪,一只比较大,一只比较小。猪圈狭长,猪食槽在一头,猪食按钮在另一头,按一下会有10个单位的猪食落进槽里。由于按钮和食槽距离较远,按按钮的体力耗费相当于两个单位的食物(见表6-1)。

表6-1　智猪策略结果

大猪	小猪	
	按	不按(等待)
按	(5,1)	(5,3)
不按(等待)	(9,1)	(0,0)

大猪和小猪分别该如何选择?

简单分析:选择等待是小猪的占优策略。

大猪的最佳选择取决于小猪的行动,如果小猪去按,大猪最好选择等待;如果小猪不去按,则最佳选择是大猪亲自去按。也就是说,在智猪博弈中,大猪没有占优策略,而小猪有占优策略,它的最佳选择就是耐心等待大猪去按钮,才能获得最佳结果。

"小猪躺着大猪跑"的现象是由于故事中的游戏规则所导致的。规则的核心指标是:每次落下的事物数量和踏板与投食口之间的距离。

在小企业经营中,学会如何"搭便车"是一个精明的职业经理人最为基本的素质。在某些时候,如果能够注意等待,让其他大的企业首先开发市场,是一种明智的选择。这时候有所不为才能有所为!

高明的管理者善于利用各种有利的条件来为自己服务。"搭便车"实际上是提供给职业经理人面对每一项花费的另一种选择,对它的留意和研究可以给企业节省很多不必要的费用,从而使企业的管理和发展走上一个新的台阶。这种现象在经济生活中十分常见,却很少为小企业的经理人所熟识。

在智猪博弈中,虽然小猪的"捡现成"的行为从道义上来讲令人不齿,但是博弈策略的主要目的不正是使用谋略最大化自己的利益吗?

模型推广:如果改变一下核心指标,猪圈里还会出现同样的"小猪躺着大猪跑"的景象吗?试试看。

改变方案一:减量方案。投食仅原来的一半分量。结果是小猪大猪都不去踩踏板了。小猪去踩,大猪将会把食物吃完;大猪去踩,小猪也会把食物吃完。谁去踩踏板,就意味着为对方贡献食物,所以谁也不会有踩踏板的动力了。如果目的是想让猪们去多踩踏板,这个游戏规则的设计显然是失败的。

改变方案二:增量方案。投食为原来的一倍分量。结果是小猪、大猪都会去踩踏板。谁想吃,谁就会去踩踏板。反正对方不会一次把食物吃完。小猪和大猪相当于生活在物质相对丰富的"共产主义"社会,所以竞争意识却不会很强。对于游戏规则的设计者来说,这个规则的成本相当高(每次提供双份的食物);而且因为竞争不强烈,想让猪们去多踩踏板的效果并不好。

改变方案三:减量加移位方案。投食仅原来的一半分量,但同时将投食口移到踏板附近。结果呢，小猪和大猪都在拼命地抢着踩踏板。等待者不得食，而多劳者多得，每次的收获刚好消费完。对于游戏设计者，这是一个最好的方案，成本不高，但收获最大。

(2)囚徒困境：有两个小偷A和B联合犯事、私入民宅被警察抓住。警方将两人分别置于不同的两个房间内进行审讯，对每一个犯罪嫌疑人，警方给出的政策是：如果一个犯罪嫌疑人坦白了罪行，交出了赃物，于是证据确凿，两人都被判有罪。如果另一个犯罪嫌疑人也做了坦白，则两人各被判刑8年；如果另一个犯罪嫌疑人没有坦白而是抵赖，则以妨碍公务罪(因已有证据表明其有罪)再加刑2年，而坦白者有功被减刑8年，立即释放。如果两人都抵赖，则警方因证据不足不能判两人的偷窃罪，但可以私入民宅的罪名将两人各判入狱1年。两个小偷该如何做选择(见表6-2)？

表6-2　囚徒策略结果

甲	乙	
	坦白	抵赖
坦白	(−8,−8)	(0,−10)
抵赖	(−10,0)	(−1,−1)

不难看出，“坦白”是任一犯罪嫌疑人的占优战略，而(坦白，坦白)是一个占优战略均衡。

简单分析：对于两个犯罪嫌疑人总体而言，他们设想的最好的策略可能是都不交代。但任何一个犯罪嫌疑人在选择不交代的策略时，都要冒很大的风险，一旦自己不交代而另一犯罪嫌疑人交代了，自己就可能处于非常不利的境地。对于甲而言，不管乙采取何种策略，他的最佳策略都是交代。对于乙而言也是如此。最后两人都会选择交代。

单从数学角度讲，这个理论是合理的，也就是都选择坦白。但在这样多维信息共同作用的社会学领域显然是不合适的。正如中国古代将官员之间的行贿受贿称为“陋规”而不是想方设法清查，这是因为社会体系给人行为的束缚作用迫使人的决策发生改变。比如，从心理学角度讲，选择坦白的成本会更大，一方坦白害得另一方加罪，那么事后的报复行为以及从而成为周围知情人当中的轻易的“出卖”角色将使他损失更多。

而 8 年到 10 年的增加比例会被淡化，人的尊严会使人产生复仇情绪，略打破“行规”。我们正处于大数据时代，想更接近事实地处理一件事就要尽可能多地掌握相关资料并合理加权分析，人的活动影像动因复杂，所以囚徒困境只能作为简化模型参考，具体决策还得具体分析。

(3)价格战博弈：在日常生活中，我们会在消费过程中经历大大小小的价格战。例如，我们在选购智能手机时，就能感受到智能手机领域的巨大竞争，各种品牌层出不穷，各种款式让人眼花缭乱，各种优惠活动令人应接不暇。卖家们为了提高销量，打出知名度，一而再再而三地压低价格，高配置低价格的手机越来越多。虽然这种价格战的最终受益者是消费者，但是在市场竞争上，或者说对于企业来说，价格战并不是什么好现象。

除了智能手机领域，各种家电的价格大战也不断上演。家电大战的受益者同样是消费者，每逢这种价格战，人们似乎都会偷着乐。明明知道会亏本，为什么商家们还要不遗余力地压低价格，义无反顾地投入价格战呢？这其实就涉及博弈问题。对商家来说，其目的是自身利益最大化，压低价格虽然会使自身利益暂时受到损害，但能够吸引更多的消费者购买产品，达到薄利多销的目的，同时也能打出品牌知名度，实现品牌价值增值。另外，低价销售还可以极大迎合消费者的心理需求，使消费者在购买本品牌产品后形成长期惯性消费，为企业的后期布局打下基础。

然而，商家之间的博弈是一种零和博弈，价格战一旦打起来，往往谁都没钱赚。博弈双方的利润之和正好是零，这意味着一方获利，必有一方受损。价格战的博弈永远不可能达到双赢或多赢的局面。价格战博弈属于一种恶性竞争，通常会导致多输局面，不过，其竞争的结果也会趋于稳定，达到一种纳什均衡。其结果可能有利于大多数消费者，但对企业来说却是一场灾难。因此，企业参与价格战无异于自杀。从价格战博弈中能够引申提出两个有价值的问题：第一是价格战达到纳什均衡后虽然是一个零利润的结局，但这个结局是有效率的，至少它不会破坏社会经济效率。第二是若企业之间不存在任何价格战，那么敌对博弈将会产生什么后果呢？这时，每个企业可能有两种考虑，它们首先可能考虑采用正常价格的策略，其次则是采用高价垄断策略。采用正常价格的结果是企业获利而如果每个企业都能在各自的领域内形成垄断，那么博率双方的共同利润便会最大化，这时，它们通常会进行垄断经营，抬高产品价格。由这两种考虑，我们可以得出一个基本准则，即企业应该把战略建立在假设对手按照其最优策略行动的基础之上，或者假设自身处于利润最低的条件下，再制订应对策略。

实际上，企业之间的完全竞争所能达到的均衡是一种非合作博弈均衡，即纳什均衡。在这种稳定状态下，企业要销售产品，就会按照其他企业的定价来定价，消费者要购买产品也会参照各企业的定价来决定是否购买。企业的目标是实现利润最大化，消费者的目标是争取产品效用最大化。由于这是一种零和博弈，所以两者的利润之和是零。此时，企业所制定的产品价格就等于边际成本。企业之间处于完全竞争的状态时，非合作行为能保障社会的经济效率。如果企业进行合作并采用垄断价格，那么就可能影响社会经济效率。正是由于这个原因，世界贸易组织和各国政府才会反对企业垄断。

(4)经济发展与环境污染博弈：发展经济和环境污染是一对矛盾，一般来说，发展经济势必会造成环境污染，这种矛盾便造就了污染博弈。发展市场经济会带来污染问题，如果政府不加以管理，企业就会为了利润而牺牲环境。为了追求利润最大化，企业不会增加环保设备，为了生产产品而产生的污染物便难以处理，这将直接造成环境污染。若所有企业都坚持实施不顾环境污染，只为追求利润最大化的策略，就会步入纳什均衡状态。假设在这种状态中，一个企业愿意从利他的角度出发，购买环保设备，增加治理环境污染的成本，那么其总体生产成本也会水涨船高，成本一高，企业就会提高产品价格，导致产品失去市场竞争力，这样一来企业很难维持经营，甚至有可能破产。要打破这一魔咒，政府就要加强防污染管理，使企业在追求利润的同时也要兼顾环境保护。当所有企业都愿意在环境保护的基础上追求利润时，社会的整体效率就会提高，这又会反过来弥补企业在环保方面的投入，最后，不仅社会环境会变得更好，经济也能又好又快地发展。

博弈论是现代社会一个热门的研究课题，它不仅存在于运筹学中，也存在于经济学中。近些年,它在学术界的地位越来越重要,许多诺贝尔经济学奖都与对博弈论的研究相关。事实上,博弈论并不是高高在上的学术话题,它所涉及的应用领域并不狭隘。在我们的学习、工作和生活之中,随处可见博弈论的身影,比如我们在学习时要与老师、同学博弈,在工作时要与上级、下属、客户、竞争对手博弈,在生活中要与家人、朋友博弈。博弈就在我们的身边,用博弈的方式去思考问题将会给我们带来不一样的思想体验。从某种程度上来说,博弈论意味着一种全新的思想或一种全新的理解分析的方法。

博弈论的重要性不言而喻,它能左右你的生活,实现你的价值。若你想成为一个对社会有价值的人,你要学习博弈论;若你想在商场上叱咤风云、获得成功,你要学习博弈论;若你想赢得生活,成为可被人信赖的人,你也要学习博弈论。总之,博弈论已成为当今社会不得不了解、不可不学习的重要理论之一。

第六节　博弈论的应用

博弈论不仅仅存在于数学的运筹学中,也在经济学中占据越来越重要的地位(近几年诺贝尔经济学奖就频频授予博弈论研究者),但如果你认为博弈论的应用领域仅限于此的话,那你就大错特错了。实际上,博弈论甚至在我们的工作和生活中无处不在!在工作中,你在和上司博弈,也在和下属博弈,你也同样会跟其他相关部门人员博弈;而要开展业务,你更是在和你的客户以及竞争对手博弈。在生活中,博弈仍然无处不在。博弈论代表着一种全新的分析方法和全新的思想。

结合前面所学博弈论相关知识,谈谈下面几个游戏如何解决。

猜帽子:某老师有三个非常聪明的学生,为考查其中那个学生最聪明,老师展示了三黑二白一共有五顶帽子。要求学生闭上眼睛后,给每位学生戴上一顶帽子。然后,让他们同时睁开眼睛,通过观察别人的帽子来判断自己头上帽子的颜色。结果，三个学生互相看了看，都稍稍犹豫一下，同时说自己戴的是黑色帽子。

猴子过河：有三只母猴各带一只小猴子，准备利用一条小船渡河。试设计渡河方案。注意：①每只猴子都会划船，但船上每次只能承载两只猴子（不论是大猴还是小猴）；②每只小猴子在接触到其他母猴的时候必须有自己的母亲在场，否则将被伤害。

海盗分金：5名海盗抢到了100块金币（大小完全相同），他们准备采用以下的方法分赃。抽签为每人确定1、2、3、4、5这五个不同的序号，先由抽到1的人提出自己的分赃方案，如果他的方案被超过一半人赞同，那么就按照他的意见分赃；但是如果他的意见没有得到过半数人赞同的话，他将被扔进大海去喂鲨鱼。当海盗1被投入大海之后，由序号是2的人重新制订分赃方案。如果海盗2的方案在现有海盗中超过半数同意便执行，否则也将海盗2投入大海。依次类推。假定这五个海盗都是高智商且极其贪财的。试问海盗1会制订出怎样的分赃方案，以使自己免于葬身鱼腹？

诺贝尔经济学奖获得者包罗·萨缪尔逊如是说：要想在现代社会做个有价值的人，你就必须对博弈论有个大致的了解。也可以这样说：要想赢得生意，不可不学博弈论；要想赢得生活，同样不可不学博弈论。

学习小结

本章介绍了博弈论的基本概念及应用，通过介绍博弈论的定义及几个典型模型，让学生知晓博弈论方法的本质与精髓。通过介绍博弈论的结构与分类，让学生掌握博弈论四项基本要求：博弈方、策略、次序与得益。最后通过历史及生活中的问题分析使得同学们体会到博弈论是社会的数学，体会数学的广泛应用。

本章思考题

(1)什么是博弈？博弈论的主要研究内容是什么？

(2)设定一个博弈模型必须确定哪几个方面？

(3)“囚徒的困境”的内在根源是什么？举出现实中囚徒的困境的具体例子？

(4)博弈有哪些分类方法，有哪些主要类型？

关键词语

博弈：game theory

局中人：players

策略：strategiges

博弈规则：game rules

次序：orders

得失：payoffs

合作博弈：cooperative games

非合作博弈：non-cooperative games

静态博弈：static game

动态博弈：dynamic game

完全信息博弈：games of complete information

不完全信息博弈：games of incomplete information

纳什均衡：Nash equilibrium

囚徒困境：prisoner's dilemma

智猪博弈：pig's payoffs

参考文献

[1] 余治国.妙趣横生的博弈论[M].北京:人民邮电出版社,2014.

[2] 博弈论六夺诺贝尔经济学奖　可指导日常生活[EB/OL].(2013-05-27)[2023-08-06]. https://baike. baidu. com/reference/81545/8af6vfv9Yl-vwiuw54MsEynXKuaLOPRRUIYxXQVWenYD6YZZ7YrWPNoONu2toZ19yU0AXGf79PeL6r7hfhAVv2WWkmpChSImxNnmZw

[3] Drew Fudenberg,Jean Tirole.博弈论[M].北京:中国人民大学出版社,2010.

[4] 张长青.纳什均衡的效率及选择[J].黑龙江大学学报,2007,24(6):1-4.

第七章 自然之美

【本章导读】

本章通过引入数学史上第一次数学危机来介绍$\sqrt{2}$的发现过程。并通过介绍各种特殊常数的发现、发展及应用,加深学生对数学发展史的理解,使其了解和感受科学研究的一般规律,体会自然界的神奇,激发专业学习的兴趣,坚定信科方向的专业自信。在这看似杂乱无序的自然现象中,希望同学们能感受自然之强大,领悟科技之力量,享受发现之喜悦,体会计算之美。

第一节 为什么介绍自然界的常数

一、数学史上的第一次危机

第一次数学危机,诞生在人们对整数和几何的认识之中。“$\sqrt{2}$是否是有理数”这样一个问题,引起了古希腊先贤们的争论,并逐渐演变成一场巨大的风波,最终引导古希腊数学走向了一条崭新的道路。

1.无理数[4]

如果一个分数的分子、分母除了 1 以外没有其他公约数,就叫作简分数。能够用简分数形式表示的数,叫作有理数。如果不能这样表示的,那么就不是有理数。随后出现了新的“数”,就是无理数。历史上首先发现无理数的,是古希腊数学家西帕索斯。

2 500 多年前的古希腊时代,曾经有一个著名的“毕达哥拉斯学派”,它的创立者是一位伟大的数学家——毕达哥拉斯。希巴斯就属于毕达哥拉斯学派,他是毕达哥拉斯的学生。

毕达哥拉斯最伟大的贡献就是“勾股定理”:直角三角形两条直角边的平方和等于斜边的平方。古代巴比伦和古代中国都比古希腊更早知道勾股定理,但是定理的第一个严格证明是毕达哥拉斯给出来的。所以直到现在,西方人仍然称勾股定理为“毕达哥拉斯定理”。据传说,当勾股定理被发现之后,毕达哥拉斯学派的成员们曾经杀了 99 头牛来大摆筵席,以示庆贺。毕达哥拉斯学派还有许多其他贡献。不过,古代的科学家有不少喜欢把自己的发现哲学化。毕达哥拉斯就认为“万物皆数”,而他所说的“数”,仅仅是整数与整数之比,也就是现代意义上的“有理数”。他认为除了有理数以外,不可能存在另类的数。然而,希巴斯利用勾股定理,发现边长为 1 的正方形对角线长度并不是有理数。

希巴斯的发现是正确的,但是却惹祸了。毕达哥拉斯无法忍受自己的理论被推翻,他下令:“关于另类数的问题,只能在学派内部研究,一律不准外传。”可是希巴斯出于对科学的尊重,并没有严守秘密,将他的发现公之于众。这令毕达哥拉斯怒不可遏,下令弟子们对希巴斯进行惩罚。希巴斯最后被毕达哥拉斯学派的人扔进了大海。

为了科学,希巴斯献出了自己宝贵的生命,这在科学史上留下了悲壮的一页。如果没有希巴斯的发现,“无理数”的概念也不会那么早就引入数学研究中来。正因为希巴斯发现了无理数,数的概念才得以扩充。从此,数学的研究范围扩展到了实数领域。

2.现代实数理论之美[5]

实数,是有理数和无理数的总称。数学上,实数定义为与数轴上的点相对应的数。实数可以直观地看作有限小数与无限小数,它们能把数轴“填满”。但仅仅以列举的方式不能描述实数的整体。实数和虚数共同构成复数。

第二节　自然界中神奇的常数

一、特殊的无理数

1.$\sqrt{2}$的故事[6,7]

(1)如何证明存在一种不能表示为两个整数之比的数:

为什么单位正方形的对角线长度不能表示为两个整数之比。

单位正方形的对角线长度如何计算呢?从图7-1中我们可以看到,如果小正方形的面积是1的话,大正方形的面积就是2。于是单位正方形的对角线是面积为2的正方形的边长。换句话说,希巴斯认为不可能存在某个整数与整数之比,它的平方等于2。

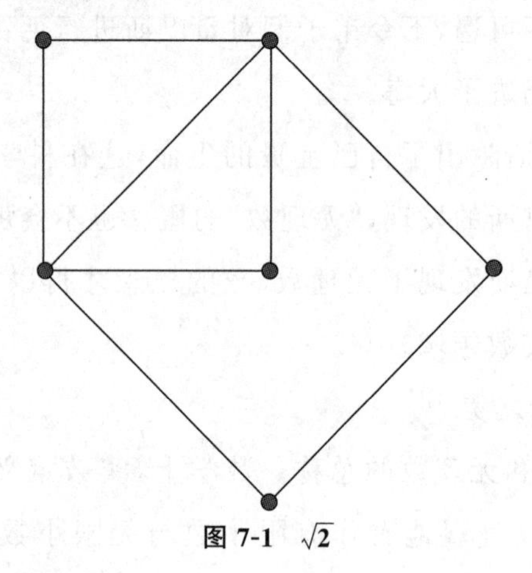

图7-1　$\sqrt{2}$

当然,我们要证明的不是"$\sqrt{2}$是无理数"。那个时候还没有根号、无理数之类的说法,我们只能说,"我们要证明不存在一个数$\frac{p}{q}$,使得它的平方等于2。"证明过程我们都知道:假设$\frac{p}{q}$已经不能再约分了,那么$p^2=2\times q^2$,等式右边是偶数，于是 p 必须是偶数。p 是偶数的话，p^2 就可以被 4 整除，约掉等式右边的一个 2，可以看出 q^2 也是偶数，即 q 是偶数。这样，p 也是偶数，q 也是偶数，那么 p 和 q 就还可以继续约分，与我们的假设矛盾。

$\sqrt{2}$是无理数，我们证明了。$\sqrt{3}$呢？$\sqrt{5}$呢？你可能偶尔看到过，西奥多罗斯曾证明它们也是无理数。但西奥多罗斯企图证明 17 的平方根是无理数时却没有继续证下去了。你可以在网上看到，西奥多罗斯对数学的贡献之一就是“证明了 3 到 17 的非平方数的根是无理数”。这给后人留下了一个疑问：怪了，为什么证到 17 就不证了呢？一个俄国的数学历史家“猜”到了原因。猜测，当时西奥多罗斯就是用类似上面的方法证明的。比如，要证明$\sqrt{x}$不是有理数，于是 $p^2=x\times q^2$。我们已经证过 $x=2$ 的情况了，剩下来的质数都是奇数。如果 x 是奇数且 $\frac{p}{q}$ 已经不能再约分，那么显然 p 和 q 都是奇数。一个奇数 $2n+1$ 的平方应该等于 $4(n^2+n)+1$，也即 $8\times\frac{n(n+1)}{2}+1$，其中 $\frac{n(n+1)}{2}$ 肯定是一个整数。如果 $p=2k+1, q=2m+1$，把它们代入 $p^2=x\times q^2$，有 $8\left[\frac{k(k+1)}{2}-x\times\frac{m(m+1)}{2}\right]=x-1$。于是$x-1$ 必须是 8 的倍数。如果当时西奥多罗斯是这么证明的，那么他可以得到这样一个结论，如果 $x-1$ 不能被 8 整除，那么它不可能被表示成$\left(\frac{p}{q}\right)^2$。好了，现在 3、5、7、11、13 减去 1 后都不是 8 的倍数，它们的平方根一定不是有理数。在 $x=9$ 时发生了一次例外，但 9 是一个平方数。而当 $x=17$ 时这种证明方法没办法解释了，于是西奥多罗斯就此打住。

毕达哥拉斯时代根本没有发展出代数这门学科，它们掌握的只是纯粹的几何。因此，西奥多罗斯当时的证明不可能像我们现在这样搞点什么奇数 x 偶数 y 之类的“高科技”东西。事实上，西奥多罗斯当时完全运用的平面几何知识来证明他的结论。有人觉得奇怪了，既然当时没有代数，古希腊人是怎么提出“所有数都可以表示为整数之比”的呢？其实古希腊人根本没有提出什么整数之比，这是后人的一个误解。当时毕达哥拉斯学派提出的，叫作"公度单位"。

两条线段的公度单位，简单地说就是找一个公度量，使得两条线段的长度都是这个公度量的整倍数(于是这个公度量就可以同时作为两条线段的单位长度并用于测量)。寻找公度量的方法相当直观，就是不断用较长的那个线段减去短的那个线段，直到两个线段一样长。熟悉数论的同学一下就明白了这就是欧几里得的辗转相除算法求最大公约数。第一次数学危机的根结就在于，古希腊人理所当然地相信不断地截取线段，总有一个时候会截到两个线段一样长。后来，西奥多罗斯画了这么一张图，告诉大家了一个反例：有可能这个操作会无穷尽地进行下去(见图 7-2)。

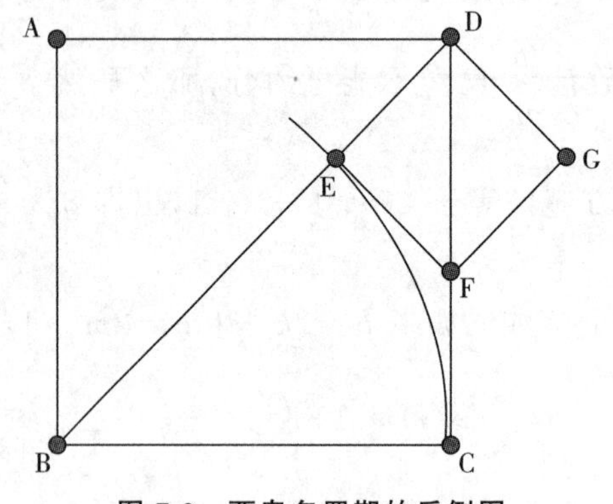

图 7-2　西奥多罗期的反例图

现在看他怎么解释，在图中的 BC 和 BD 之间进行辗转相除为什么永远不能停止。

用 BD 减去 BC，剩下一段 DE。以 DE 为边作一个新的小正方形 $DEFG$，那么显然 $DE=EF=FC$($\triangle EDF$ 为等腰直角三角形且$\triangle BEF\cong\triangle BCF$)。接下来我们应该在 BC 和 DE 间辗转相除。BC 就等于 CD，CD 减去一个 DE 相当于减去一个 FC，就只剩下一段 DF 了。现在轮到 DE 和 DF 之间辗转相除，而它们是一个新的正方形的边和对角线，其比例正好与最初的 BC 和 BD 相当。于是，这个操作再次回到原问题，并且无限递归下去。最后的结论用我们的话说就是，不存在一个数 x 使得 BC 和 BD 的长度

都是 x 的整倍数。于是，$\frac{BD}{BC}$不能表示为两个整数之比$\frac{p}{q}$（否则$\frac{BD}{p}=\frac{BC}{q}$，这就成了那个 x）。

如果$\sqrt{n}$不是整数的话，假设$\sqrt{n}=\frac{A}{B}$（化到最简），那么$\frac{nB}{A}=\frac{A}{B}$。化成带分数后，$\frac{nB}{A}$和$\frac{A}{B}$的分数部分是形如$\frac{a}{A}$和$\frac{b}{B}$的形式，其中 $a<A$ 且 $b<B$。如果两个数相同，那它们的小数部分也应该相同，于是$\frac{a}{A}=\frac{b}{B}$。我们发现，$\frac{a}{b}=\frac{A}{B}=\sqrt{n}$，即我们找到了$\sqrt{n}$的更简的表达形式$\frac{a}{b}$。

下面进行这个无理数的存在性的证明。

假设$\left(\frac{p}{q}\right)^2=2$，那么 $p^2=2q^2$。我们将要证明，一个数的平方等于另一个数的平方的两倍是根本不可能的。如果对一个平方数分解质因数，它必然有偶数个因子（x^2 的所有质因子就是把 x 的质因子复制成两份）。于是，p^2 有偶数个质因子，q^2 有偶数个质因子，$2q^2$ 有奇数个质因子。等号左边的数有偶数个质因子，等号右边的数有奇数个质因子，大家都知道这是不可能的，因为同一个数只有一种分解质因数的方法（唯一分解定理）。

这个证明还有一种更加神奇的变化。p^2 和 $2q^2$ 的质因子中，因子 2 的个数肯定是一奇一偶。那么它们转化成二进制后，末尾 0 的个数肯定也是一奇一偶。因此，这两个数不可能相等。

下面介绍一个更加简洁的证明方法。

同样是证明不存在整数 p，q 使得 $p^2=2q^2$，这个证明只需要一句话：假如 p、q 是最小的正整数使得 $p^2=2q^2$，如图 7-3 所示，两个边长为 q 的小正方形放在一个边长为 p 的大正方形里，那么图中深灰色正方形的面积就等于两个白色正方形面积之和（面积守恒），于是我们就找到了具有同样性质的更小的整数 p 和 q。仔细体会一下这个“面积守恒”，如果 $A+B=C$，那么 A 和 B 重复计算了的必然是 C 里还没有算过的。很有意思。

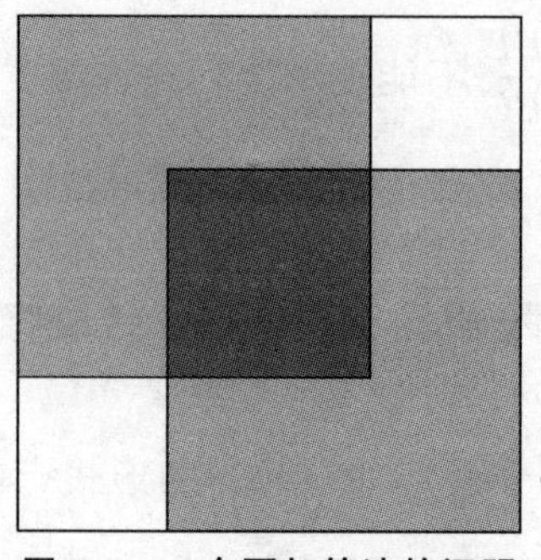

图 7-3 一个更加简洁的证明

(2)牛顿迭代法快速寻找平方根[8]：

首先随便猜一个近似值 x，然后不断令 x 等于 x 和$\frac{a}{x}$的平均数，迭代个六七次后 x 的值就已经相当精确了。

例如，我想求$\sqrt{2}$等于多少。假如我猜测的结果为 4，虽然错得离谱，但你可以看到使用牛顿迭代法后，这个值很快就趋近于$\sqrt{2}$了：

$$\frac{\left(4+\frac{2}{4}\right)}{2}=2.25$$

$$\frac{\left(2.25+\frac{2}{2.25}\right)}{2}=1.569\ 44$$

$$\frac{\left(1.569\ 44+\frac{2}{1.569\ 44}\right)}{2}=1.421\ 89$$

$$\frac{\left(1.421\ 89+\frac{2}{1.421\ 89}\right)}{2}=1.414\ 23$$

…

这种算法的原理很简单，仅仅是不断用$(x,f(x))$的切线来逼近方程$x^2-a=0$的根(见图 7-4)。$\sqrt{a}$实际上就是 $x^2-a=0$ 的一个正实根，这个函数的导数是 $2x$。也就是说，函数上任一点$(x,f(x))$处切线的斜率是 $2x$。

那么，$\frac{x-f(x)}{(2x)}$就是一个比 x 更接近的近似值。代入 $f(x)=x^2-a$ 得到 $x-\frac{(x^2-a)}{(2x)}$，也就是$\frac{(x+a/x)}{2}$。

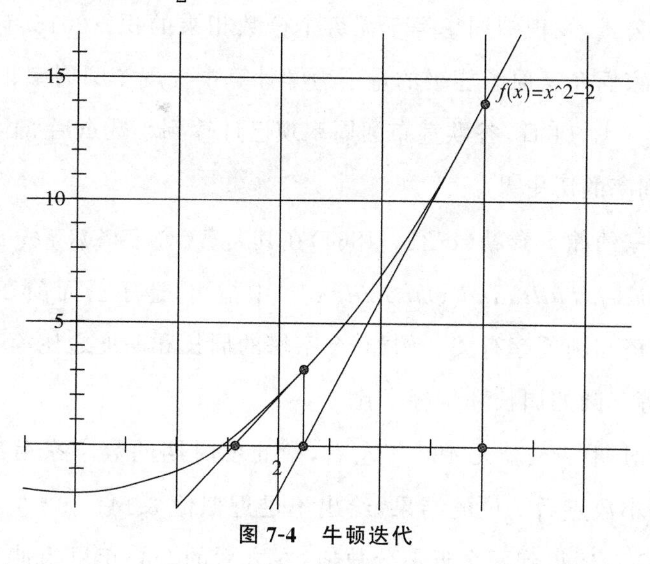

图 7-4　牛顿迭代

同样的方法可以用在其他的近似值计算中。

2.π 的故事

(1)圆周率[9,10]：

π 是第十六个希腊字母的小写。亦是希腊语 περιφρεια（表示周边、地域、圆周等意思）的首字母。1706 年英国数学家威廉·琼斯（William Jones，1675—1749）最先使用“π”来表示圆周率。1736 年，瑞士大数学家欧拉也开始用 π 表示圆周率。从此，π 便成了圆周率的代名词。

圆周率(π)是圆的周长与直径的比值，一般用希腊字母 π 表示，是一个在数学及物理学中普遍存在的数学常数。π 也等于圆形之面积与半径平方之比，是精确计算圆周长、圆面积、球体积等几何形状的关键值。在分析学里，π 可以严格地定义为满足 $\sin x=0$ 的最小正实数 x。

圆周率用希腊字母 π（读作 pài）表示，是一个常数（约等于 3.141 592 654），代表圆周长和直径的比值。它是一个无理数，即无限不循环小数。在日常生活中，通常都用 3.14 代表圆周率去进行近似计算。而用十位小数 3.141 592 654 便足以应付一般计算。即使是工程师或物理学家要进行较精密的计算,充其量也只需取值至小数点后几百个位。

1965 年,英国数学家约翰·沃利斯(John Wallis)出版了一本数学专著,推导出一个公式,发现圆周率等于无穷个分数相乘的积。2015 年,罗切斯特大学的科学家们在氢原子能级的量子力学计算中发现了圆周率相同的公式。

2019 年 3 月 14 日,谷歌宣布圆周率现已计算到小数点后 31.4 万亿位。

(2)圆周率的历史[11]:

英国作家约翰·泰勒(1781—1864)在其名著《金字塔》(*The Greatpyramid:Why was it built,and who built it?*)中指出,造于公元前 2500 年左右的胡夫金字塔和圆周率有关。例如,金字塔的周长和高度之比等于圆周率的两倍,正好等于圆的周长和半径之比。

①几何时期[9,12]:公元 480 年左右,南北朝时期的数学家祖冲之进一步得出精确到小数点后 7 位的结果,给出不足近似值 3.141 592 6 和过剩近似值 3.141 592 7,还得到两个近似分数值,在之后的 800 年里祖冲之计算出的 π 值都是最准确的。

②分析时期[9]:这一时期人们开始利用无穷级数或无穷连乘积求 π,摆脱割圆术的繁复计算。无穷乘积式、无穷连分数、无穷级数等各种 π 值表达式纷纷出现,使得 π 值的计算精度迅速增加。第一个快速算法由英国数学家梅钦(John Machin)提出,1706 年梅钦计算 π 值突破 100 位小数大关,他利用了如下公式:

$$\frac{\pi}{4}=4\arctan\frac{1}{5}-\arctan\frac{1}{239}$$

其中,$\arctan x$ 可由泰勒级数算出。该方法称为“梅钦类公式”。

(3)特性:

1761 年兰伯特证明了圆周率是无理数,1882 年林德曼证明了圆周率是超越数。

两个任意自然数是互质的概率是 $\frac{6}{\pi^2}$。

任取一个任意整数，该整数没有重复质因子的概率为$\frac{6}{\pi^2}$。

2011 年，国际数学协会正式宣布，将每年的 3 月 14 日设为国际数学节，来源则是中国古代数学家祖冲之的圆周率。

(4)计算公式：

Leibniz 定理：$\frac{1}{1}-\frac{1}{3}+\frac{1}{5}-\frac{1}{7}+\cdots=\frac{\pi}{4}$

高斯积分：$\int_{-\infty}^{+\infty} e^{-x^2}\,dx=\sqrt{\pi}$。

斯特林公式：$n!\approx\sqrt{2\pi n}\left(\frac{n}{e}\right)^n$。

欧拉公式：$e^{i\pi}+1=0$。

π 的连分数表示：

$$\pi=\cfrac{4}{1+\cfrac{1^2}{2+\cfrac{3^2}{2+\cfrac{5^2}{2+\cfrac{7^2}{2+\cfrac{9^2}{2+\cdots}}}}}}=3+\cfrac{1^2}{6+\cfrac{3^2}{6+\cfrac{5^2}{6+\cfrac{7^2}{6+\cfrac{9^2}{6+\cfrac{11^2}{6+\cdots}}}}}}=\cfrac{4}{1+\cfrac{1^2}{3+\cfrac{2^2}{5+\cfrac{3^2}{7+\cfrac{4^2}{9+\cfrac{5^2}{11+\cdots}}}}}}$$

(5)Buffon 投针实验：究竟为什么是 π[13]？

数学学习真正悲哀的是，记住了某个神奇而伟大的定理，看懂了其最严密的推导过程，但却始终没能直观地去理解它。虽然严密的推导是必要的，直观理解往往是不准确的，但如果能悟出一个让定理一瞬间变得很显然的解释，对定理更透彻的理解和更熟练的运用也很有帮助。

Buffon 投针实验是说，假设地板上画着一组间距为 1 的平行线。把一根长度为 1 的针扔到地上，则这根针与地板上的平行线相交的概率为$\frac{2}{\pi}$(见图 7-5)。

想象一根长度为 L 的铁丝，不管它被弯成了什么形状，扔到地上后它与地板上的平行线的交点个数的期望值都是一样的，并且这个值是和 L 成正比的(见图 7-6)。这是因为，我们可以把一根弯铁丝看作由很多很多小的直线段构成，而每个充分小的直线段与平行线交点个数的期望都是相同的，那么由期望值的线性关系，整个弯铁丝与平行线交点数的期望就是 $c \cdot l$，其中 c 是某个固定的系数。注意到，把一根长度为 π 的铁丝弯成一个直径为 1 的圆，则把它扔到地上之后，它与这组平行线总有两个交点。这就是说，π 的 c 倍就等于 2，即 c 等于 $\frac{2}{\pi}$。自然，一根单位长度的针与平行线的交点个数的期望值就是 $\frac{2}{\pi}$；而由于这根针与平行线要么没有交点，要么就只有一个交点，因此这个数值就相当于是针与平行线相交的概率了。

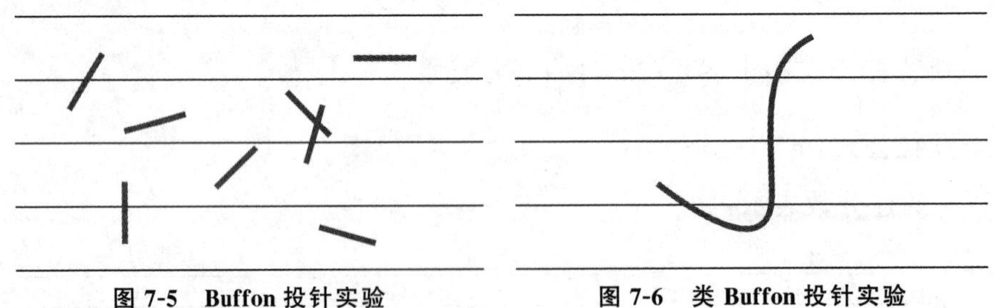

图 7-5　Buffon 投针实验　　图 7-6　类 Buffon 投针实验

(6)如果你的计算器上没有 π[14]：

下面是一个有趣的小把戏：拿出一个科学型计算器（就比如说 Windows 计算器），确认你的计算器使用的是角度制。然后，输入“55555555”，按 $\frac{(1)}{x}$，再按“sin”，然后看看你的屏幕……神奇吧！如果你觉得还不够精确，输入“55555555555555555555”，再依次按下 $\frac{\text{“1”}}{x}$ 和“sin”……

事实上，$\sin\left(\frac{1}{55\,555\,555\,555\,555\,555\,555^{\circ}}\right)=3.141\,592\,653\,589\,793\,238\,494\,05$ $=9\times10^{-22}$，前 20 位都和 π 的值一模一样。显然，这绝对不可能是一个巧合。那么，这究竟是为什么呢？

注意到 $\frac{1}{180}=0.005\,555\,55\cdots$，换句话说 55 555.55 (连续 n 个 5)的倒数就近似于 $180\times10^{-n-2}$。另外，当 x 很小很小的时候，$\sin(x)$ 会与 x 非常接近，但在角度制中，我们必须写作 $\sin(x)\approx\left(\frac{\pi}{180}\right)x$。因此，$\sin\left(\frac{1}{55\,555.555}\right)\approx\left(\frac{\pi}{180}\right)\times$

$(180\times10^{-n-2})=\pi\times10^{-n-2}$。

3.e 的故事[15]

自然常数，为数学中一个常数，是一个无限不循环小数，且为超越数，其值约为 2.718 281 828 459。

(1)完全率：

设完全图内的路径总数为 W，哈密顿路总数为 h，则 $\frac{W}{h}=e$，此规律更证明了 e 并非故意构造的，e 甚至也可以称呼为一个完全率。与圆周率有一定的相类似性，好像极限完全图就是图论中的圆形，哈密顿路就是直径似的，自然常数的含义是极限完全图里的路径总数和哈密顿路总数之比。

(2)e 的意义案例[16]：

下面通过银行利率计算帮助了解 e 的大小。

假定有一家银行，每年的复利是 100%，请问存入 100 元，一年后可以拿多少钱？

答案是：

$$\lim_{n\to\infty}100\left(1+\frac{100\%}{n}\right)^{n}=100e=271.828\cdots。$$

但是事实上，存储利息没有这么高，如果复利率只有 5%，那么 100 元存一年可以拿到的钱为：

$$\lim_{n\to\infty}100\left(1+\frac{5\%}{n}\right)^{n}=?$$

我们知道，在 100%利息率的情况下，$n=1\ 000$ 时，下式的值非常接近 e：

$$\left(1+\frac{100\%}{1\ 000}\right)^{1000}=(1+0.1\%)^{1000}\approx e$$

为了便于思考，取 n 等于 50：

$$100\left(1+\frac{5\%}{50}\right)^{50}=100\,(1+0.1\%)^{50}$$

当利息率是 5%时，存款增长率就相当于 e 的 20 分之一次方：

$$\left(1+\frac{5\%}{50}\right)^{50}=\left[\left(1+\frac{100\%}{1\ 000}\right)^{1000}\right]^{\frac{1}{20}}\approx e^{\frac{1}{20}}$$

1/20 正好等于 5%，所以我们可以把上式改写成：

$$\text{growth}=e^{\text{rate}}$$

再考虑时间因素，如果存款年限 t 年，那么存款最终增长率为

$$\text{growth}=(e^{r})^{t}=e^{r\cdot t}=e^{rt}$$

这说明 e 可以用于任何连续不断的复合式增长率计算，而上式也是这个增长率的通用计算公式。

二、最具有审美意义的比例数字

1.黄金分割的故事[3]

把一根线段分为两段，分割点在什么位置时最为美观？分在中点处，似乎太对称了不好看；分在三等分点处，似乎又显得有些偏了。人们公认，最完美的分割点应该满足这样一种性质：较长段与较短段的长度比，正好等于整条线段与较长段的长度比。这个比值就叫作黄金分割，用希腊字母 φ 来表示。若令线段的较短段的长度为 1，则 φ 就满足方程 $\varphi=\frac{(1+\varphi)}{\varphi}$，可解出 $\varphi=\frac{(1+\sqrt{5})}{2}$（见图 7-7）。

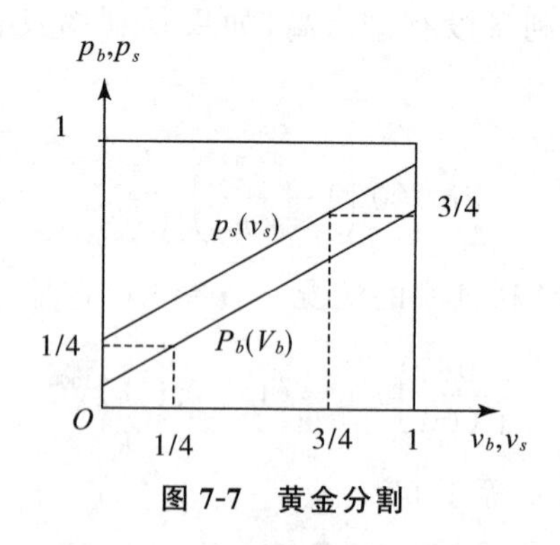

图 7-7　黄金分割

在美学中，黄金分割有着不可估量的意义。在那些最伟大的美术作品中，每一个细节的构图都充分展示了黄金分割之美。在人体中，黄金分割也无处不在——肘关节就是整只手臂的黄金分割点，膝关节就是整条腿的黄金分割点，而肚脐则位于整个人的黄金分割点处。

在数学中，黄金分割 φ 也展示出了它的无穷魅力。例如，在正五角星中，同一条线上三个点 A、B、C 就满足 $AB:BC=\varphi$。再比如，在 Fibonacci 数列 1,1,2,3,5,8,13,21,… 中，相邻两数之比将会越来越接近于 φ。

黄金分割(golden section)是一种数学上的比例关系。黄金分割具有严格的比例性、艺术性、和谐性，蕴藏着丰富的美学价值。应用时一般取 0.618，就像圆周率在应用时取 3.14 一样

第三节　其他不常见常数

1.Khinchin 常数[3]

每一个实数都能写成 $\dfrac{a_0+1}{\left(a_1+\dfrac{1}{a_2+\cdots}\right)}$ 的形式，其中 $a_0,a_1,a_2,\cdots$ 都是整数。我们就把$[a_0,a_1,a_2,a_3,\cdots]$叫作该数的连分数展开。和小数展开比起来，连分数展开具有更加优雅漂亮的性质，这使得连分数成了数学研究中的必修课。

在 1964 年出版的一本连分数数学课本中，数学家 Khinchin 证明了这样一个惊人的结论：除了有理数、二次整系数方程的根等部分特殊情况以外，几乎所有实数的连分数展开序列的几何平均数都收敛到一个相同的数，它约为 2.685 452。例如，圆周率 π 的连分数展开序列中，前 20 个数的几何平均数约为 2.628 19，前 100 个数的几何平均数则为 2.694 05，而前 1 000 000 个数的几何平均数则为 2.684 47。

目前，人们对这个神秘常数的了解并不太多。虽然 Khinchin 常数很可能是无理数，但这一点至今仍未被证明。而 Khinchin 常数的精确值也并不容易求出。1997 年，David Bailey 等人对一个收敛极快的数列进行了优化，但也只求出了 Khinchin 小数点后 7 350 位。

2.常数 λ[3]

你能找出下面这个数列的规律吗?

1,11,21,1211,111221,312211,13112221,1113213211,…

这个数列的规律简单而又有趣。数列中的第一个数是 1。从第二个数开始,每个数都是对前一个数的描述:第二个数 11 就表示它的前一个数是"1 个 1",第三个数 21 就表示它的前一数是"2 个 1",第四个数 1211 就表示它的前一个数是"1 个 2,1 个 1"……这个有趣的数列就叫作"外观数列"。

外观数列有很多有趣的性质。例如,数列中的数虽然会越来越长,但数字 4 永远不会出现。1987 年,英国数学家 John Conway 发现,在这个数列中,相邻两数的长度之比越来越接近一个固定的数。最终,数列的长度增长率将稳定在某个约为 1.303 577 的常数上。John Conway 把这个常数命名为 Conway 常数,并用希腊字母 λ 表示。John Conway 证明了 λ 是一个无理数,它是某个 71 次方程的唯一实数解。

3.Champernowne 常数[3]

把全体正整数从小到大依次写成一排,并在最前面加上一个小数点,便得到了一个无限小数 0.123 456 789 101 112 131 4… 。这个数是由英国统计学家 Champernowne 于 1933 年构造出来的,他把它命名为 Champernowne 常数,用符号 C10 表示。与其他的数学常数相比,Champernowne 常数有一个很大的区别:这个数仅仅是为了论证一些数学问题而人为定义出来的,它并未描述任何一个数学对象。

Champernowne 常数有很多难能可贵的性质。首先,容易看出它是一个无限不循环小数,因此它也就是一个无理数。其次,它还是一个"超越数",即它不是任何一个整系数多项式方程的解。它还是一个"正规数",即每一种数字或者数字组合出现的机会都是均等的。在众多数学领域中,Champernowne 常数都表现出了其非凡的意义。

学习小结

本章详细介绍了常见常数$\sqrt{2}$、π及自然对数底e等，也介绍了几个不常见但是有实际意义的常数。通过介绍这些常数的发现、发展及应用，学生能了解数学的发展史，了解科学研究的一般规律，体会自然界的神奇，激发专业学习的兴趣，坚定信科方向的自信。

本章思考题

(1)用尺规对所有整数开根号，你能发现哪些规律之美？

(2)通过学习古人们对数学的研究过程，你能学习到哪些值得我们学习的精神，这些精神又将如何影响我们今后的学习与生活？

(3)寻找生活中的黄金分割比，你能发现生活中的哪些比例之美？

关键词语

维纳-辛钦 Khinchin

康威(2020年4月12日死于新冠肺炎) Conway

钱珀瑙恩数 Champernowne

推荐阅读资料

[1] 吴文俊.中国数学史大系(第三卷)[M].北京：北京师范大学出版社，2000,5.

[2] 顾森.思考的乐趣[M].北京：人民邮电出版社，2012,7.

[3] 吴军.数学之美[M].北京:人民邮电出版社,2012,5.

参考文献

[1] 吴文俊.中国数学史大系(第三卷)[M].北京:北京师范大学出版社,2000,5.

[2] 顾森.思考的乐趣[M].北京:人民邮电出版社,2012,7.

[3] Feeo.七大神秘的数学常数[EB/OL].(2018-12-15)[2023-08-05].https://zhuanlan. zhi hu.com/p/52480460.

[4] 周勇.2～(1/2)——无理数的诞生[J].数学通讯,2006(21):49.

[5] 数学实数知识点[EB/OL].(2022-01-27)[2023-08-08].https://www.oh100. com/shuxue/2055116.html.

[6] 令人称奇的简单证明:五种方法证明根号2是无理数——数据与算法之美[EB/OL].(2017-04-06)[2023-08-10]. https://www. sohu. com/a/132330604_642678 .

[7] 怎么证明$\sqrt{2}$是无理数[EB/OL].(2017-08-12)[2023-08-02].https://mp. wei xin. qq.com/s/XNEXkeo5pSqysZkj2YHNiQ.

[8] Matrix67.牛顿迭代法快速寻找平方根[EB/OL].(2007-11-21)[2023-08-05]. https://b log.csdn.net/matrix67/article/details/4780190.

[9] 圆周率[EB/OL].[2023-08-06]. https://baike.baidu.com/item/% E5%9C%8 6% E5% 91%A8%E7%8E%87/139930.

[10] 圆周率的历史[EB/OL].(2019-05-31)[2023-08-06].https://zhidao. baidu. com/ question/12519377.html.

[11] 刘迪.圆周率的发展简史[J]. 数学爱好者,2006(01):50-51.

[12] XO老师.国际数学节(圆周率日)[EB/OL].(2020-03-14)[2023-08-08].

https：// bai jia hao.baidu.com/s? id=1661111011194123465.

[13] Matrix67.Buffon 投针实验：究竟为什么是 pi[EB/OL].（2009-11-06）[2023-08-10].https://blog.csdn.net/matrix67/article/details/5540908.

[14] Matrix67.如果你的计算器上没有 pi[EB/OL].（2010-04-28）[2023-08-11]. https://blog.csdn.net/matrix67/article/details/5540908.

[15] 自然常数[EB/OL]. [2023-08-14]. https://baike.baidu.com/item/%E8%87% AA% E7%84%B6%E5%B8%B8%E6%95%B0/1298918.

[16] 瑾瑜.人们专门弄了一个自然对数函数的底数 e,是为什么？[EB/OL].（2018-12-11）[2023-08-15].https://www.zhihu.com/question/24264370.

第八章　排版之美

【本章导读】

TEX 是 Donald E.Knuth 编写的一个以排版文章及数学公式为目标的计算机程序。1977 年,在意识到恶劣的排版质量正在影响自己的著作及文章后,Knuth 开始编写 TEX 排版系统引擎,探索当时开始进入出版工业的数字印刷设备的潜力,希望能扭转排版质量下滑的这一趋势。我们现在使用的 TEX 系统发布于 1982 年,在 1989 年又稍做改进,增加了对 8 字节字符及多语言的支持。TEX 以其卓越的稳定性、可在不同类型的电脑上运行以及几乎没有缺陷而著称。

第一节　LATEX 简介

LATEX 优于一般文字处理软件之处可归纳如下：提供专业的版面设计,可以使一份文档看起来就像“印刷品”一样。可以方便地排版数学公式。用户只需要学一些声明文档逻辑结构的简单易懂的命令,而不必对文档的实际版面修修补补。可以容易地生成像脚注、引用、目录和参考文献等很多复杂的结构。很多不被基本 LATEX 支持的排版工作,可以通过添加免费的宏包来完成。例如,支持在文件中插入 PostScript 格式图像的宏包及排版符合各类准确标准的参考文献的宏包等。LATEX 鼓励作者按照合理的结构写作,因为 LATEX 就是通过指明文档结构来进行排版工作的。TEX 具有很高的可移植性,几乎可以在任何硬件平台上运行。

LATEX 也有一些不足之处。没有原则的人不能使用 LATEX 很好地工作，尽管可以调节预先定义好的文档版面布局中的一些参数，但设计一个全新的版面还是很困难的，并会耗费大量时间。很难用 LATEX 来写结构不明、组织无序的文档，即使有一个令人鼓舞的开端，你也可能无法完全掌握其精髓。

第二节　排版和对齐

一、宏包

排版文档时，你可能会发现某些时候基本的 LATEX 并不能解决你的问题。如果想插入图形(graphics)、彩色文本(coloured text)或源代码到你的文档中，你就需要使用宏包来增强 LATEX 的功能。可使用如下命令调用宏包：\usepackage[options]{package}。

二、对齐段落

为了优化整个段落的内容，LATEX 在单词之间插入必要的断行点(line break)和间隙。如果一行的单词排不下，LATEX 也会进行必要的断词。段落如何排版依赖于文档类别。通常，每一段的第一行有缩进，在两段之间没有额外的间隔。在特殊情形下，有必要命令 LATEX 断行(\\)或另起一行(\newline)，而不另起一段(\\ *)。在强制断行后，还禁止分页。

n 一般设置为 0～4 之间的数字。当 n <4 时可以让 latex 选择忽略这个命令。

\linebreak[n]，\nolinebreak[n]，\pagebreak[n]，\nopagebreak[n]

三、脚注

命令\footnote{footnote text}表示把脚注内容排印于当前页的页脚位

置。脚注命令总是置于(put)其指向的单词或句子的后面。脚注是一个句子或句子的一部分,所以应用逗号或句号结尾。

四、左对齐、右对齐和居中

flushleft 和 flushright 环境分别产生左对齐(left-aligned)和右对齐(rightaligned)的段落。center 环境产生居中的文本。如果你不输入命令"\\指定断行点",LATEX 将自行决定。例如:

\begin{flushleft}

This text is\\ left-aligned.\LaTeX{} is not trying to make each line the same length.

\end{flushleft}

五、摘要

科学出版物惯常以摘要开始,来给读者一个综述或者预期。LATEX 为此提供了 abstract 环境。一般 abstract 用于 article 类文档。例如:

\begin{abstract}

The abstract abstract.

\end{abstract}

第三节　数学公式

一、数学模式的群组

大部分数学模式的命令只对其后的一个字符有效,因此,如果你希望一个命令对多个字符起作用,你必须把它们放在一个群组中,使用花括号:{…}。例如:

```
\begin{equation}
a^x + y \neq a^{x + y}
\end{equation}
```

1.指数和下标

可以使用(^)和(_)两个符号来指定。例如：

```
$ a _{1} $ \qquad $ x ^{2} $ \qquad
$ e^{-\alpha t} $ \qquad
$ a ^{3}_{ ij } $\\
$ e^{ x ^2} \neq {e^ x }^2 $
```

2.平方根

平方根输入用“\sqrt”；n 次根用 \sqrt[n]来得到。根号的大小由 LATEX 自动决定。如果仅仅需要根号，可以用\“surd”得到。例如：

```
$\sqrt{ x } $ \qquad
$\sqrt{ x ^{2}+\sqrt{ y } } $
\qquad $\sqrt[3]{2} $\\[3pt]
$\surd[ x ^2 + y ^2] $
```

3.水平线

命令“\overline”和“\underline”产生水平线，它们会被放在表达式的正上方或是正下方。例如：

```
$\overline{ m +n } $
$\underline{ m +n } $
```

4.水平括号

命令“\overbrace”和“\underbrace”可以在一个表达式的上方或下方生成水平括号。例如：

```
$\underbrace{ a +b +\cdots+ z } $
```

5.三个点

通常没有必要打出一个明显的点号来表明乘法运算，但是有时候也需要它来帮助读者分清一个公式。这些情况下，你应该使用“\cdot”命令：

```
\begin{displaymath}
v = {\sigma}_1 \cdot {\sigma}_2
{\tau}_1 \cdot {\tau}_2
\end{displaymath}
```

6.分式

一个上下的分式（fraction）可用“\frac{...}{...}”命令得到。而其倾斜形式如 1/2，有时是更好的选择，因为对于简短的分子分母来说，这看上去更美观。例如：

```
\begin{displaymath}
\frac{ x ^{2} }{ k +1}\qquad
x ^{ \frac{2}{ k +1} }\qquad
x ^{ 1/2 }
\end{displaymath}
```

7.尺寸

有些情况下，有必要手工指定一个数学定界符的正确尺寸，这可以使用“\big”“\Big”“\bigg”和“\Bigg”命令，大多数情况下你只需把它们放在定界符命令的前面。例如：

```
$\Big( ( x +1) ( x -1) \Big) ^{2} $\\
$\big(\Big(\bigg(\Bigg( $\quad
$\big\}\Big\}\bigg\}\Bigg\} $
\quad
$\big\|\Big\|\bigg\|\Bigg\| $
```

8.点列

有很多命令可以实现在公式中插入三点列（three dots）。“\ldots”得到在基线上的点列，而“\cdots”是上下居中的点列。另外，还有“\vdots”命令产生竖直的点列，“\ddots”产生对角线的点列。例如：

```
\begin{displaymath}
x _{1},\ldots, x _{ n } \qquad
```

```
x _{1}+\cdots+ x _{ n }
\end{displaymath}
```

二、粗体符号

在 LATEX 中要得到粗体符号相当的不容易，这也许是故意设置的，以防业余水平的排版者过度地使用它们。字体变换命令“\mathbf”可得到粗体字母，但是得到的是罗马体(直立的)，而数学符号通常要求斜体。还有一个“\boldmath”命令，但是它只能用在数学模式之外，它不仅作用于字母也作用于符号。例如：

```
\begin{displaymath}
\mu,M \qquad \mathbf{M} \qquad
\mbox{\boldmath $\mu,M$}
\end{displaymath}
```

三、定理、定律

当写数学文档时，你可能需要一种方法来排版“引理”“定义”“公理”及其他类似的结构。例如：

```
\newtheorem{name}[counter]{text}[section]
```

参量“name”是用来标识“定理”的短关键字。而参数“text”才是真正的“定理”名，它会在最终的文档中被打印出来。方括号中是可选参量，两者都均用来指定“定理”的编号问题。使用“counter”参数来指定先前声明的“定理”的“name”，则此新的“定理”将与先前定理统一编号。“section”参数让你来指定章节单元，而“定理”会按相应的章节层次来编号。在“你的文档”的“导言”区执行“\newtheorem”命令后，你就可以在文档中使用以下命令了：

```
\begin{name}[text]
This is my interesting theorem
\end{name}
```

amsthm 宏包提供了“\newtheoremstyle{style}”命令，通过从三个预定

义样式中选择其一来定义定理的外观，三个样式分别为：definition（标题粗体，内容罗马体）、plain（标题粗体，内容斜体）和 remark（标题斜体，内容罗马体）。理论上已经说够多了，下面我们联系一下实践，这个例子希望能够带走你的疑问并让你知道“\newtheorem”环境其实比较复杂且不易理解。首先定义定理环境：

```
\theoremstyle{definition} \newtheorem{law}{Law}
\theoremstyle{plain} \newtheorem{jury}[law]{Jury}
\theoremstyle{remark} \newtheorem * {marg}{Margaret}
\begin{law} \label{law:box}
Don't hide in the witness box
\end{law}
\begin{jury}[The Twelve]
It could be you! So beware and
see law \ref{law:box}\end{jury}
\begin{marg}No,No,No\end{marg}
```

“Jury ”定理与“ Law”定理共用了同一个计数器，因此它的编号与其他“ Law”定理的编号是顺序下来的。方括号中的参量用来指定定理的一个标题或是其他类似的内容：

```
\flushleft
\newtheorem{mur}{Murphy}[section]
\begin{mur}
If there are two or more
ways to do something,and
one of those ways can result
in a catastrophe,then
someone will do it.\end{mur}
```

“Murphy”定理有一个与当前章节相联系的编号。你也可以使用其他的单元，如章（chapter）或小节（subsection）。amsthm 还提供了一个 proof

环境：

```
\begin{proof}
Trivial,use
\[E = mc^2\]
\end{proof}
```

使用“\qedhere”命令，你可以移动“证毕”符。“证毕”符默认是在证明结束时单独放于一行。例如：

```
\begin{proof}
Trivial,use \[E = mc^2 \qedhere\]
\end{proof}
```

四、数学字体尺寸

在数学模式中，TEX 根据上下文选择字体大小。例如，上标会排版成较小的字体。如果你想要把等式的一部分排版成罗马字体，不要用“\textrm”命令，只因“\textrm”会暂时切换到文本模式，而此时字体大小切换机制将不起作用。使用“\mathrm”来保持字体大小切换机制的正常。但是要小心，“\mathrm”只对较短的项有效，空格依然无效而且重音符号也不起作用：

```
\begin{equation}
2^{\textrm{nd}} \quad
2^{\mathrm{nd}}
\end{equation}
```

有时你仍需告诉 LATEX 正确的字体大小。在数学模式中，可用以下四个命令来设定：“\displaystyle (123)”“\textstyle (123)”“\scriptstyle (123)”和“\scriptscriptstyle (123)”。改变样式也会影响到上下限的显示方式。例如：

```
\begin{displaymath}
\frac{\displaystyle
\sum_{i=1}^n (x_i-\overline x)
```

```
( y _ i -\overline y )}
{\displaystyle\biggl[
\sum_{ i =1}^ n ( x _ i -\overline x )^2
\sum_{ i =1}^ n ( y _i-\overline y )^2
\biggr]^{1/2}}
\end{displaymath}
```

这个例子中的括号要比“\left[\right]”提供的括号更大些。“\biggl 和 \biggr”命令分别对应于左和右括号。

第四节　算法图片和表格

一、算法

算法的排版需要导入两个包:algorithm 和 algorithmic:

```
\usepackage{algorithmic}
\usepackage{algorithm}
```

算法的编写结构如下:

```
\begin{algorithm}[H]
    \caption{直接选择排序}
    \label{alg:sel}
    \begin{algorithmic}[1]
    \STATE template $<$ class Record $>$
    \STATE void SelectSort (Record Array [],int n )\{
    \STATE int i ,j ,Smallest;
    \FOR{($ i =0$;$ i < n -1$;$ i ++$)}
    \STATE Smallest= i ;
```

```
    \FOR{($ j = i +1$;$ j <n$;$ j ++ $)}
        \IF{(Array[ j ] $<$ Array[Smallest])}
            \STATE Smallest= j ;
        \ENDIF
        \STATE swap(Array,i,Smallest);
    \ENDFOR
\ENDFOR
\STATE\}
\end{algorithmic}
\end{algorithm}
```

其中,“\caption{}”中定义了算法的名字;“ \label{}”给算法定义了一个引用时的标识。算法中的普通语句写在“\STATE”标签后面,for 循环要写在一组“\FOR”和“\ENDFOR”标签内,其中 for 循环的条件要写在“\FOR”标签后的“{}”内。而 if 条件中执行的语句要写在一组“\IF”和“\ENDIF”内,其中条件要写在“\IF”后的“{}” 内。这里需要注意的是,“{} ”在 LaTeX 源文件中有特殊含义,因此如果希望输出普通文本形式的大括号需要在“{} ” 加上“\”进行转行。算法或其他对象在文档中的引用需要在引用的位置使用\ref{} 标签,大括号内为对象的标识,即定义对象时“\label{}”标签内指定的内容。对象的序号由系统自动按照在源文件中的顺序添加。同一类型的对象同一编号。算法排版后的效果和正文中的引用如下。

算法 1 直接选择排序
1:template<class Record>
2:void SelectSort(Record Array[],int n){
3:int i , j ,Smallest
4:for (i=0;i<n-1;i++) do
5:　Smallest=i;
6:　for [j=i+1;j<n;j++] do
7:　　if(Array[j]<Array[Smallest]) then

续表

8：　　　Smallest=j；
9：　endif
10：　swap(Array,i,Smallest)；
11：endfor
12:endfor
13:}

二、插入图片

LaTeX 文档支持多种图片格式，如".jpg"".eps"".TIF"等，不同的图片格式需要用不同的方式编译，本案例中使用的图片为".jpg"，使用的编译方式为 PDFLatex。LaTeX 中插入图片需要使用 graphicx 包。同样，为了让图片的名字显示为"图 X"的形式，我们使用 LaTeX 命令修改宏定义。插入图片需要写在一组"\begin{figure}"和"\end{figure}"标签之间，具体格式如下所示：

```
\begin{figure}
\centering
\includegraphics[width=0.3\textwidth]{sort.jpg}
\caption{选择排序案例}
\label{fig:examp}
\end{figure}
```

其中，"\centering"指定了插入的图片居中显示；" \includegraphics "指定了插入的图片名字（需要带图片的扩展名）；"[]"中指定了图片的大小，"\caption{}"指定了文档中显示图片的名字。需要注意的是，LaTeX 在编译时默认图片的位置与".tex"文件在同一目录下，如果图片过多，需要放在另外的路径下，可以在宏定义中预先指定图片的路径，这里不再赘述。

三、表格排版

LaTeX 中普通的表格不需要特殊包支持。但是为了让表明显示为中文

"表 X"的形式,需要修改宏定义"\renewcommand{\tablename}{表}"。本案例中用到的表格编写如下:

```
\begin{table}[http]
\centering
\caption{常用排序算法比较}\label{tab:comp}
\begin{tabular}{|c|c|c|c|}
\hline
排序方法 & 平均时间复杂度 & 空间复杂度 & 稳定性 \\ \hline
直接插入排序 & $O(n^2) $ & $O(1) $ & 稳定 \\ \hline
Shell 排序 & $O(n^{1.3}) $ & $O(1) $ & 不稳定 \\ \hline
直接选择排序 & $O(n^2) $ & $O(1) $ & 不稳定 \\ \hline
堆排序 & $O(n\log_2 n) $ & $O(1) $ & 不稳定 \\ \hline
冒泡排序 & $O(n^2) $ & $O(1) $ & 稳定 \\ \hline
快速排序 & $O(n\log_2 n) $ & $O(n\log_2 n) $ & 不稳定 \\ \hline
归并排序 & $O(n\log_2 n) $ & $O(1) $ & 稳定 \\ \hline
基数排序 & $O(d(r+n))) $ & $O(rd+n) $ & 稳定 \\ \hline
\end{tabular}
\end{table}
```

其中"|c|c|c|c|"定义了表格共有 4 列,"|表"示要绘制竖线;"\hline"表明要绘制横线;表示一行结束;"&"为两个格子之间的分隔符号。绘制出的表格效果如表 8-1 所示。

表 8-1 常用排序算法比较

排序方法	平均时间复杂度	空间复杂度	稳定性
直接插入排序	$O(n^2)$	$O(1)$	稳定
Shell 排序	$O(n^{1.3})$	$O(1)$	不稳定
直接选择排序	$O(n^2)$	$O(1)$	不稳定
堆排序	$O(n\log_2 n)$	$O(1)$	不稳定
冒泡排序	$O(n^2)$	$O(1)$	稳定
快速排序	$O(n\log_2 n)$	$O(n\log_2 n)$	不稳定
归并排序	$O(n\log_2 n)$	$O(1)$	稳定
基数排序	$O(d(r+n))$	$O(rd+n)$	稳定

参考文献

[1] 潘建瑜.LATEX 科技排版[M].上海:华东师范大学出版社,2014.

[2] 刘海洋.LaTeX 入门[M].北京:电子工业出版社,2013.

[3] 胡伟.LaTeX2e 完全学习手册[M].北京:清华大学出版社,2013.

[4] 陈志杰.LaTeX 入门与提高[M].北京:高等教育出版社,2006.